职业教育电类系列教材

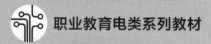

U0191418

电气控制技术及应用

微课版

华满香 杨梦勤 李庆梅 / 主编

黎丹 陈端凤 / 副主编

ELECTRICITY

人民邮电出版社

北 京

图书在版编目（CIP）数据

电气控制技术及应用：微课版 / 华满香，杨梦勤，
李庆梅主编. -- 北京：人民邮电出版社，2023.8
职业教育电类系列教材
ISBN 978-7-115-59503-4

Ⅰ. ①电… Ⅱ. ①华… ②杨… ③李… Ⅲ. ①电气控
制－高等职业教育－教材 Ⅳ. ①TM921.5

中国版本图书馆CIP数据核字(2022)第105057号

内 容 提 要

本书是项目式教学的特色教材，教材根据任务驱动型教学的需要，采用项目教学的形式编写。各项目均为现场电气控制技术的典型应用。全书通过实际应用案例系统地讲述了接触器、继电器、开关等常用低压电器的结构、原理、符号、型号及其选择，讲述了电动机正反转、自动往返、Y-△降压启动、双速异步电动机、电气制动、绕线转子异步电动机降压启动等典型电气控制电路的组成、原理及安装调试，同时对 Z3050 型摇臂钻床、X62W 型万能铣床、T68 型卧式镗床的电气控制电路进行了原理分析和常见电气故障排除分析，分析了凸轮控制器、主令控制器控制的桥式起重机控制电路原理；最后通过综合案例——M7130 型平面磨床的电气控制、电镀生产线的电气控制、C650 型车床的电气控制、电动葫芦的电气控制、电梯的电气控制等较复杂的电气控制电路分析，讲述了电气综合控制系统分析和故障排除方法。

本书既可作为高等职业技术学院、高等专科学校、职工大学的电气自动化技术、数控技术与应用、机电一体化、电气化铁道技术、电机与电器、应用电子类专业相关课程的教材，也可供工程技术人员参考学习使用。

◆ 主　编　华满香　杨梦勤　李庆梅

　　副主编　黎 丹　陈端凤

　　责任编辑　王丽美

　　责任印制　焦志炜

◆ 人民邮电出版社出版发行　　北京市丰台区成寿寺路 11 号

　　邮编　100164　　电子邮件　315@ptpress.com.cn

　　网址　https://www.ptpress.com.cn

　　大厂回族自治县聚鑫印刷有限责任公司印刷

◆ 开本：787×1092　1/16

　　印张：12.25　　　　　　　　　　2023 年 8 月第 1 版

　　字数：295 千字　　　　　　　　2023 年 8 月河北第 1 次印刷

定价：49.80 元

读者服务热线：(010)81055256　印装质量热线：(010)81055316
反盗版热线：(010)81055315
广告经营许可证：京东市监广登字 20170147 号

前言

本书是根据学生毕业后所从事职业的实际需要，确定学生应具备的知识能力结构，将理论知识和应用技能整合在一起，形成的以就业为导向的项目式教学教材。

本书特点如下。

（1）采用模块化结构，利用项目的形式编写，内容紧密联系工程实际，将知识点贯穿于项目中，知识体系完整。

（2）在内容的安排上，理论力求简明扼要，难易适中，加强实践内容，突出针对性、实用性和先进性。全书内容尽可能多地利用图片或现场照片，做到图文并茂，以增强直观效果。

（3）为了增加学生操作技能，本书加入了实训操作及视频演示环节，对于学生需重点掌握的实训技能都拍摄了操作视频，并且附有操作调试步骤，这些重点实训操作也是学生考 1+X 相关证书必须掌握的内容。

（4）书中大部分关键知识点都配置了教学视频（即微课），微课突出了课堂教学中的重要知识点，且视频内容简短精悍、直观、方便，只要用手机扫描书中的二维码，就可立即观看学习。

（5）本书全面贯彻党的二十大精神，落实立德树人根本任务。为了加强学生素质教育，培养理想信念坚定、德技并修、德智体美劳全面发展，具有一定的科学文化水平，良好的人文素养、职业道德和创新意识，精益求精的工匠精神的高素质技术技能人才，本书每个项目都有 2~3 个拓展阅读案例，这些案例都与项目内容息息相关，使得本书不但能够"教书"，还能达到"育人"的目的。

全书通过 6 个项目系统地讲述了接触器与继电器等常用低压电器的结构、原理、符号、型号及其选用原则；讲述了电动机正反转、自动往返、Y-△降压启动、双速异步电动机调速、电气制动、绕线转子异步电动机降压启动等典型电气控制电路的组成、原理及安装调试；对 Z3050 型摇臂钻床、X62W 型万能铣床、T68 型卧式镗床等通用机床的电气控制电路进行了原理分析和常见故障排除，分析了凸轮控制器、主令控制器控制的桥式起重机控制电路原理；同时也介绍了机床电气控制电路故障的检查方法，通过实际案例分析了较复杂的电气控制电路，讲述了电气综合控制系统分析和故障排除方法。

本书建议总课时为 84 课时（包括实训内容），具体课时分配如下。

项目	项目内容	理论课时	实训课时
项目一	电动机正反转电气控制	14	4
项目二	Z3050 型摇臂钻床电气控制	10	4
项目三	万能铣床电气控制	14	4
项目四	卧式镗床电气控制	10	2
项目五	桥式起重机电气控制	8	4
项目六	电气综合控制系统	8	2
小计		64	20
总计		84	

　　本书由湖南铁道职业技术学院华满香、杨梦勤和李庆梅任主编，黎丹、陈端凤任副主编，张蕾和王婧博也参与了本书的编写。其中，项目一由李庆梅编写，项目二由杨梦勤编写，项目三由陈端凤编写，项目四由黎丹编写，项目五由华满香编写，项目六由华满香、张蕾和王婧博编写，实训操作及视频演示环节的拍摄由黎丹、杨梦勤和陈端凤完成，项目一～项目三的拓展阅读案例由黎丹完成，项目四～项目六的拓展阅读案例由杨梦勤完成。

　　本书在编写过程中，参阅了许多同行专家们的论著文献，在此表示真诚的感谢。由于编者的学识水平和实践经验有限，书中疏漏之处在所难免，敬请使用本书的读者批评指正。

编　者
2022 年 12 月

目录

项目一　电动机正反转电气控制

学习目标

1. 熟悉低压电器（按钮、刀开关、接触器、热继电器、熔断器）的结构、工作原理、型号、规格、正确选择、使用方法及其在控制电路中的作用。
2. 能识读相关电气原理图和安装图。
3. 会安装调试交流电动机正反转控制电路及联锁控制电路。
4. 会安装与检修 CA6140 型车床电气控制电路。
5. 了解电力拖动控制电路常见故障及其排除方法。
6. 了解现代低压电器的应用及发展，培养学生的爱国情操。
7. 培养学生的安全意识，增强做事严谨认真、精益求精的工匠精神。

一、项目简述

在工农业生产中，要求机械的运动部件能实现正反两个方向运动，这就要求拖动电动机能正反向旋转。例如，铣床加工工作台的左右、前后和上下运动，电梯的升降运动，起重机的上升与下降运动、前进与后退运动等，可以采用机械控制、电气控制和机械-电气混合控制的方法来实现。当采用电气控制的方法实现时，电动机就要求实现正反转控制。从电动机的原理可知，改变电动机三相电源的相序，即可改变电动机的旋转方向，而要改变三相电源的相序只需任意调换电源的两根进线，如图 1-1 所示。

合上开关 QS，按下启动按钮 SB2，电动机正转；按下停止按钮 SB1，电动机停止；按下反转启动按钮 SB3，电动机反转。

本项目涉及低压电器（包括刀开关、熔断器、按钮开关、交流接触器、热继电器等）、电气识图及绘图标准，电动机的点动、连续控制及正反转控制电路等内容。

低压电器种类很多，分类方法也很多。按操作方式可分为手动操作方式和自动切换电器方式：手动操作方式主要是指用手直接操作来进行切换；自动切换电器方式是依靠电器本身参数的变化或外来信号的作用来自动完成接通或分断等动作。电器按用途可分为低压配电电器和低压控制电器两大类：低压配电电器是指在正常或事故状态下，接通和断开用电设备和供电电网所用的电器；低压控制电器是指电动机完成生产机械要求的启动、调速、反转和停止操作所用的电器。

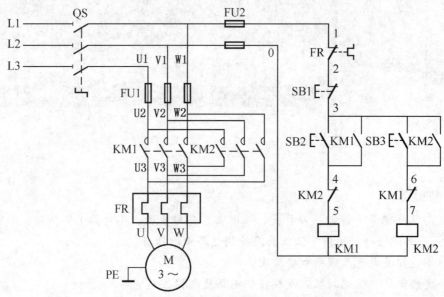

图 1-1　电动机正反转控制电路

【拓展阅读】大国重器——巨幅国旗升起背后的故事

"五星红旗迎风飘扬，胜利歌声多么响亮……"，2019 年 10 月 1 日 20 时 8 分，在庆祝中华人民共和国成立 70 周年联欢活动现场，当《歌唱祖国》的旋律响起时，一面巨幅国旗冉冉升起，现场气氛瞬间点燃，爱国热情如火，在每个中国人心里澎湃荡漾开来。这面巨幅国旗是由 60m×90m 的网幕构成的，担当"旗杆"的起重机在吊起网幕的时候，要能够在 70m 的高度抵御 23.3m/s 的风速，在 1h 内完成降幕、收车等全部动作，并且出于场地限制的考虑，每辆起重机的配套运输车不得超过两辆，还要具备防雷击、防电子干扰等功能。最终，三一集团 SAC6000 起重机以 70m 抵御 25m/s 风速的成绩成为唯一入选设备。同时，SAC6000 起重机完成降幕、收车只需 50min，高于项目组期望。项目组认为，该起重机是"最稳、最匹配"的。

虽然此处的起重机吊装物体是利用液压实现的，但是本质与电动机正反转是相同的。而且，对比 10 年前的国庆大典，天安门广场负责大屏吊装的是 6 台进口起重机，这次大典，全部换上了中国自主品牌的装备，毫不逊色地完成了任务。

二、低压电器相关知识

（一）按钮、刀开关

1. 按钮

按钮开关（简称按钮）是一种用人力（一般为手指或手掌）操作，并具有储能（弹簧）复位功能的控制开关。按钮的触点允许通过的电流较小，一般不超过 5 A，因此一般情况下不直接控制主电路，而是在控制电路中发出指令或信号去控制接触器、继电器等电器，再由它们控制主电路的通断、功能转换或电气联锁等。

（1）结构。按钮一般由按钮帽、回位弹簧、常闭触点（也称动断触点）、常开触点（也称动合触点）、支柱连杆及外壳等部分组成。按钮的外形、结构与图形符号如图 1-2 所示。图 1-2（a）中的按钮是一个复合按钮，工作时常开触点和常闭触点是联动的。当按钮被按下时，常闭触点先动作，常开触点随后动作；而松开按钮时，常开触点先动作，常闭触点再动作。也就是说，两种触点在改变工作状态时，先后有个时间差，尽管这个时间差很短，但在分析线路控制过程时应特别注意。

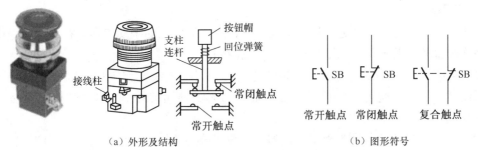

（a）外形及结构　　　　　　　　　　　（b）图形符号

图 1-2　按钮的外形、结构与图形符号

（2）型号。按钮型号说明如下。

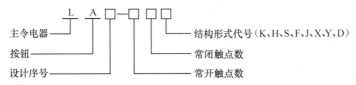

其中，结构形式代号的含义是：

K——开启式，嵌装在操作面板上，装有红色凸出在外的蘑菇形按钮帽，以便紧急操作；

H——保护式，带保护外壳，可防止内部零件受机械损伤或人偶然触及带电部分；

S——防水式，具有密封外壳，可防止雨水侵入；

F——防腐式，能防止腐蚀性气体进入；

J——紧急式，作紧急切断电源用；

X——旋钮式，用手旋转旋钮进行操作，有通和断两个位置；

Y——钥匙操作式，用钥匙插入进行操作，可供专人操作或防止误操作；

D——指示灯式（光标按钮），按钮内装有信号灯，兼作信号指示。

按钮的结构形式有多种，适合于许多场合。为了便于操作人员识别，避免发生误操作，生产中用不同的颜色和符号标志来区分按钮的功能及作用。按钮的颜色有红、绿、黑、黄、白、蓝等，供不同场合选用。一般以红色按钮表示停止，绿色按钮表示启动。常见按钮外形如图 1-3 所示。

图 1-3　常用按钮外形

（3）按钮的选用。选择按钮的基本原则如下。

① 根据使用场合和具体用途选择按钮的种类，如嵌装在操作面板上的按钮可选用开启式。

② 根据工作状态指示和工作情况要求选择按钮或指示灯的颜色，如启动按钮可选用绿色、白色或黑色。

③ 根据控制回路的需要选择按钮的数量，如单联钮、双联钮和三联钮等。

2. 刀开关

刀开关又称闸刀开关，是一种结构最简单、应用最广泛的手动电器。在低压电路中，用于不频繁接通和分断电路，或用来将电路与电源隔离。

（1）结构。图1-4所示为刀开关的典型结构。刀开关由操作手柄、触刀、静插座和绝缘底板组成。推动手柄可以实现触刀插入插座与脱离插座的控制，以达到接通电路和分断电路的目的。

（2）分类。刀开关的种类很多，按刀的极数可分为单极、双极和三极，其图形符号如图1-5所示。按刀的转换方向可分为单掷和双掷；按灭弧情况可分为带灭弧罩和不带灭弧罩；按接线方式可分为板前接线式和板后接线式。下面只介绍由刀开关和熔断器组合而成的负荷开关。负荷开关分为开启式负荷开关和封闭式负荷开关两种。

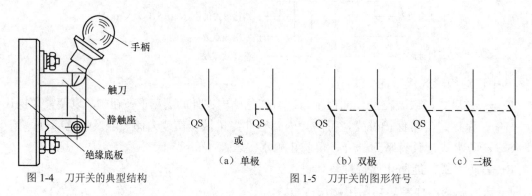

图1-4 刀开关的典型结构　　　　图1-5 刀开关的图形符号

① 开启式负荷开关。开启式负荷开关又称为瓷底胶盖刀开关。生产中常用的是HK系列开启式负荷开关，适用于照明和小容量电动机控制，供手动不频繁地接通和分断电路，并起短路保护作用。

开启式负荷开关的外形、结构及在电路图中的图形符号如图1-6所示。

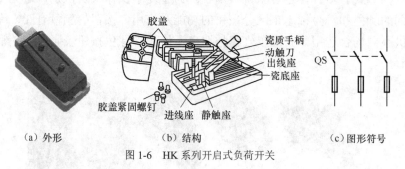

（a）外形　　　　（b）结构　　　　（c）图形符号

图1-6 HK系列开启式负荷开关

其型号含义说明如下。

② 封闭式负荷开关。封闭式负荷开关是在开启式负荷开关的基础上改进设计的一种开关，可用于手动不频繁地接通和断开带负载的电路，以及作为线路末端的短路保护，也可用于控制 15kW 以下的交流电动机不频繁地直接启动和停止。

常用的封闭式负荷开关有 HH3、HH4 系列。其中，HH4 系列为全国统一设计产品，结构如图 1-7 所示。它主要由动触刀、静触座、熔断器、速断弹簧、绝缘方轴、手柄和开关盖等部分组成。动触刀固定在一根绝缘方轴上，由手柄完成分、合闸的操作。在操作机构中，手柄转轴与底座之间装有速断弹簧，使刀开关的接通与断开速度与手柄操作速度无关。封闭式负荷开关的操作机构有两个特点：一是采用了储能合闸方式，利用一根弹簧使开关的分合速度与手柄操作速度无关，既改善了开关的灭弧性能，又能防止触点停滞在中间位置，从而提高开关的通断能力，延长其使用寿命；二是操作机构上装有机械联锁，可以保证开关合闸时不能打开防护开关盖，而当打开防护铁盖时，不能将开关合闸。

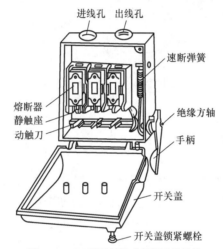

图 1-7 HH4 系列封闭式负荷开关结构

封闭式负荷开关在电路图中的图形符号与开启式负荷开关相同。

其型号含义说明如下。

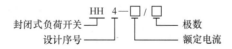

（3）刀开关的选用及安装注意事项。

① 选用刀开关时，首先根据刀开关的用途和安装位置选择合适的型号和操作方式，然后根据控制对象的类型和大小，计算出相应负载电流的大小，选择相应额定电流的刀开关。

用于控制照明电路时，可选用额定电压为 220 V 或 250 V、额定电流等于或大于电路最大工作电流的双极刀开关；用于控制电动机时，可选用额定电压为 380 V 或 500 V、额定电流等于或大于电动机额定电流 3 倍的三极刀开关。

② 刀开关必须垂直安装，以使闭合操作时的手柄操作方向从下向上合，不允许平装或

倒装，以防误合闸；电源进线应接在静触座一边的进线座上，负载接在动触刀一边的出线座上；在分闸和合闸操作时，动作应迅速，使电弧尽快熄灭。

（二）接触器

接触器是一种能频繁地接通和断开远距离用电设备主回路及其他大容量用电回路的自动控制装置，分为交流和直流两类，控制对象主要是电动机、电热设备、电焊机及电容器组等。

1. 交流接触器的结构、工作原理

交流接触器主要由电磁系统、触点系统、灭弧装置及辅助部件等组成。CJ10-20 型交流接触器的外形、结构和工作原理如图 1-8 所示。

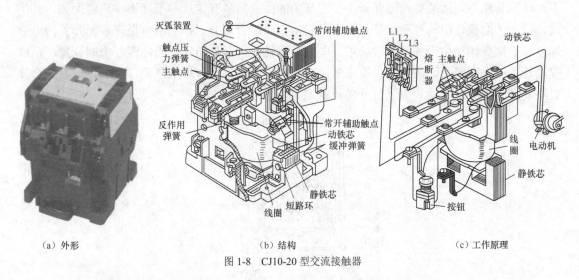

（a）外形　　　　　　　　　（b）结构　　　　　　　　　（c）工作原理

图 1-8　CJ10-20 型交流接触器

（1）电磁系统。交流接触器的电磁系统主要由线圈、铁芯（静铁芯）和衔铁（动铁芯）3个部分组成。其作用是利用电磁线圈的通电或断电，使衔铁和铁芯吸合或释放，从而带动动触点与静触点闭合或分断，实现接通或断开电路的目的。

交流接触器在运行过程中，线圈中通入的交流电在铁芯中产生交变的磁通，因此铁芯与衔铁间的吸力也是变化的，这会使衔铁产生振动并发出噪声。为消除这一现象，在交流接触器铁芯和衔铁的两个不同端部各开一个槽，槽内嵌装一个用铜、康铜或镍铬合金材料制成的短路环（又称减振环或分磁环），如图 1-9（a）所示。铁芯装短路环后，当线圈通以交流电时，线圈电流产生磁通 Φ_1。Φ_1 一部分穿过短路环，在环中产生感应电流，进而会产生一个磁通 Φ_2。由电磁感应定律可知，Φ_1 和 Φ_2 的相位不同，即 Φ_1 和 Φ_2 不同时为零，则由 Φ_1 和 Φ_2 产生的电磁吸力 F_1 和 F_2 不同时为零，如图 1-9（b）所示。这就保证了铁芯与衔铁在任何时刻都有吸力，衔铁将始终被吸住，振动和噪声会显著减小。

（2）触点系统。触点系统包括主触点和辅助触点。主触点用于控制电流较大的主电路，一般由 3 对接触面较大的常开触点组成。辅助触点用于控制电流较小的控制电路，一般由两对常开触点和两对常闭触点组成。触点的常开和常闭是指电磁系统没有通电动作时触点的状态。因此常闭触点和常开触点有时又分别被称为动断触点和动合触点。工作时常开触点和常闭触点是联动的。当线圈通电时，常闭触点先断开，常开触点随后闭合；而线圈断电时，常开触点先恢复断开，随后常闭触点恢复闭合，也就是说，两种触点在改变工作状态时，先后

有个时间差。尽管这个时间差很短，但在分析线路控制过程时应特别注意。

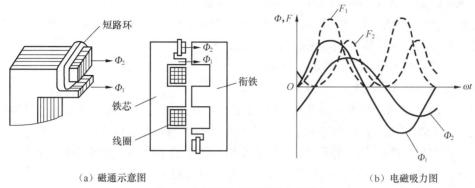

（a）磁通示意图　　　　　　　　　　　　　　　（b）电磁吸力图

图 1-9　加短路环后的磁通和电磁吸力

触点按接触情况可分为点接触式、线接触式和面接触式 3 种，如图 1-10 所示。按触点的结构形式划分，有桥式触点和指形触点两种，如图 1-11 所示。

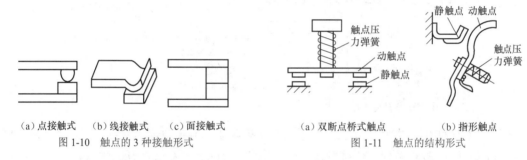

（a）点接触式　（b）线接触式　（c）面接触式　　　　（a）双断点桥式触点　（b）指形触点

图 1-10　触点的 3 种接触形式　　　　　　　　图 1-11　触点的结构形式

CJ10 系列交流接触器的触点一般采用双断点桥式触点。

（3）灭弧装置。交流接触器在断开大电流或高电压电路时，在动、静触点之间会产生很强的电弧。电弧的产生，一方面会灼伤触点，减少触点的使用寿命；另一方面会使电路切断时间延长，甚至造成弧光短路或引起火灾事故。容量在 10 A 以上的接触器中都装有灭弧装置。在交流接触器中，常用的灭弧方法有双断口电动力灭弧、纵缝灭弧、栅片灭弧等。直流接触器因直流电弧不存在自然过零点熄灭特性，所以只能靠拉长电弧和冷却电弧来灭弧，一般采取磁吹式灭弧装置来灭弧。

（4）辅助部件。交流接触器的辅助部件有反作用弹簧、缓冲弹簧、触点压力弹簧、传动机构及底座、接线柱等。反作用弹簧的作用是线圈断电后，推动衔铁释放，使各触点恢复原状态。缓冲弹簧的作用是缓冲衔铁在吸合时对静铁芯和外壳的冲击力。触点压力弹簧的作用是增加动、静触点间的压力，从而增大接触面积，以减小接触电阻。传动机构的作用是在衔铁或反作用弹簧的作用下，带动动触点实现与静触点的接通或分断。

2．接触器的主要技术参数

（1）额定电压。接触器铭牌额定电压是指主触点上的额定电压。通常用的电压等级如下。

直流接触器：110 V、220 V、440 V、660 V 等。

交流接触器：127 V、220 V、380 V、500 V 等。

如果某负载是 380 V 的三相感应电动机，则应选 380 V 的交流接触器。

（2）额定电流。接触器铭牌额定电流是指主触点的额定电流。通常用的电流等级如下。

直流接触器：25 A、40 A、60 A、100 A、250 A、400 A、600 A。

交流接触器：5 A、10 A、20 A、40 A、60 A、100 A、150 A、250 A、400 A、600 A。

（3）线圈的额定电压。通常用的电压等级如下。

直流线圈：24 V、48 V、220 V、440 V。

交流线圈：36 V、127 V、220 V、380 V。

（4）动作值。动作值是指接触器的吸合电压与释放电压。国家标准规定接触器电压在额定电压的85%以上时，应可靠吸合，释放电压不高于额定电压的70%。

（5）接通与分断能力。接通与分断能力是指接触器的主触点在规定的条件下，能可靠地接通和分断的电流值，而不应该发生熔焊、飞弧和过分磨损等现象。

（6）额定操作频率。额定操作频率是指每小时接通次数。交流接触器最高为 600 次/h；直流接触器可高达 1 200 次/h。

3. 接触器的型号及电路图中的符号

（1）接触器的型号。接触器的型号说明如下。

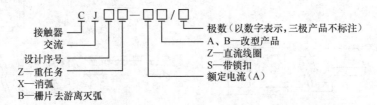

例如，CJ12T-250 的含义为 CJ12T 系列交流接触器，额定电流为 250 A，主触点为三极；CZ0- 100/20 表示 CZ0 系列直流接触器，额定电流为 100 A，双极常开主触点。

（2）交流接触器在电路图中的符号。交流接触器在电路图中的图形符号如图 1-12 所示。

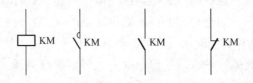

（a）线圈　（b）主触点　（c）常开辅助触点　（d）常闭辅助触点

图 1-12　接触器的图形符号

4. 接触器的选用

（1）根据控制对象所用电源类型选择接触器类型，一般交流负载用交流接触器，直流负载用直流接触器。当直流负载容量较小时，也可选用交流接触器，但交流接触器的额定电流应适当选大一些。

（2）所选接触器主触点的额定电压应大于或等于控制电路的额定电压。

（3）根据控制对象的类型和使用场合，合理选择接触器主触点的额定电流。控制电阻性负载时，主触点的额定电流应等于负载的额定电流。控制电动机时，主触点的额定电流应大于或稍大于电动机的额定电流。当接触器使用在频繁启动、制动及正反转的场合时，应将主触点的额定电流降低一个等级使用。

（4）选择接触器线圈的电压。当控制电路简单并且使用电器较少时，应根据电源等级选用 380 V 或 220 V 的电压。当线路复杂时，从人身和设备安全角度考虑，可以选择 36 V 或 110 V 电压的线圈，增加相应变压器设备。

（5）根据控制电路的要求，合理选择接触器的触点数量及类型。

（三）热继电器

热继电器是利用流过继电器的电流产生的热效应而反时限动作的继电器。反时限动作是指热继电器动作时间随电流的增大而减小的性能。热继电器主要用于保护电动机的过载、断相、三相电流不平衡运行及控制其他电气设备的发热状态。

1. 热继电器的分类和型号

热继电器的形式有多种，其中双金属片式热继电器应用最多。按极数划分，热继电器可分为单极、两极和三极 3 种，其中三极的又包括带断相保护装置的和不带断相保护装置的；按复位方式划分，有自动复位式（触点动作后能自动返回原来位置）和手动复位式。目前常用的热继电器有国产的 JR16、JRS1、JR20 等系列，以及国外的 T 系列和 3UA 等系列产品。

常用的 JRS1 系列和 JR20 系列热继电器的型号及含义说明如下。

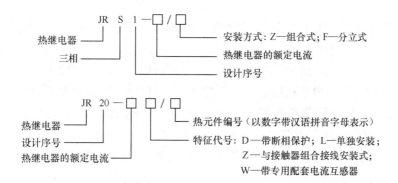

2. 热继电器的工作原理

热继电器主要由加热元件、动作机构和复位机构 3 部分组成。动作机构常设有温度补偿装置，保证在一定的温度范围内，热继电器的动作特性基本不变。典型的热继电器外形、结构及图形符号如图 1-13 所示。

在图 1-13 中，主双金属片与加热元件串接在接触器负载（电动机电源端）的主回路中，当电动机过载时，主双金属片受热弯曲推动导板，并通过补偿双金属片与推杆将动触点和常闭静触点分开，以切断电路保护电动机。调节旋钮是一个偏心轮，改变它的半径即可改变补偿双金属片与导板的接触距离，从而达到调节整定动作电流值的目的。此外，通过调节复位螺钉可改变常开静触点的位置，使热继电器具有自动复位或手动复位两种状态。调成手动复位时，在排除故障后要按下手动复位按钮才能使动触点恢复与常闭静触点相接触的位置。

热继电器的常闭触点常接入控制回路，常开触点可接入信号回路或 PLC 控制时的输入接口电路。

三相异步电动机的电源或绕组断相是导致电动机过热烧毁的主要原因之一，尤其是定子绕组采用三角形（△）接法的电动机，必须采用三相结构带断相保护装置的热继电器实行断相保护。

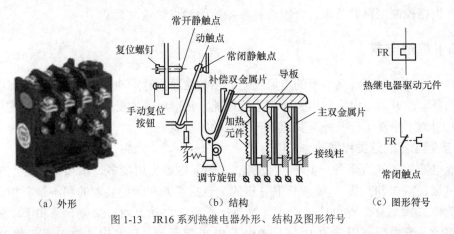

（a）外形　　　　　（b）结构　　　　　（c）图形符号

图 1-13　JR16 系列热继电器外形、结构及图形符号

3. 热继电器的选用

选择热继电器主要根据所保护电动机的额定电流来确定热继电器的规格和热元件的电流等级。

（1）根据电动机的额定电流选择热继电器的规格，一般情况下，应使热继电器的额定电流稍大于电动机的额定电流。

（2）根据需要的整定电流值选择热元件的编号和电流等级。一般情况下，热继电器的整定电流值为电动机额定电流值的 95%～105%。但是如果电动机拖动的负载用在冲击性负载或启动时间较长及拖动的设备不允许停电的场合，热继电器的整定电流值可取电动机额定电流值的 110%～150%。如果电动机的过载能力较差，热继电器的整定电流值可取电动机额定电流值的 60%～80%。同时，整定电流值应留有一定的上下限调整范围。

（3）根据电动机定子绕组的连接方式选择热继电器的结构形式，即星形（Y）连接的电动机选用普通三相结构的热继电器，△接法的电动机应选用三相带断相保护装置的热继电器。

对于频繁正反转和启制动工作的电动机，不宜采用热继电器来保护。

按钮、刀开关、接触器、热继电器简介

按钮、刀开关、接触器的工作原理

（四）熔断器

熔断器是在控制系统中主要用作短路保护的电器，使用时串联在被保护的电路中，当电路发生短路故障，通过熔断器的电流达到或超过某一规定值时，以其自身产生的热量使熔体熔断，从而自动分断电路，起到保护作用。

1. 熔断器的结构

熔断器主要由熔体（俗称熔丝）和安装熔体的熔管（或熔座）两部分组成。熔体由铅、锡、锌、银、铜及其合金制成，常做成丝状、片状或栅状。熔管是装熔体的外壳，由陶瓷、绝缘钢纸制成，在熔体熔断时兼有灭弧作用。熔断器的外形、图形符号和文字符号如图 1-14 所示。

（a）熔断器外形　　　　　　　　　（b）图形符号和文字符号

图 1-14　熔断器的外形、图形符号和文字符号

2. 熔断器的分类和型号

熔断器按结构形式分为半封闭插入式、无填料封闭管式、有填料封闭管式、螺旋自复式等。其中，有填料封闭管式熔断器又分为刀形触点熔断器、螺栓连接熔断器和圆筒形帽熔断器。

熔断器型号说明如下。

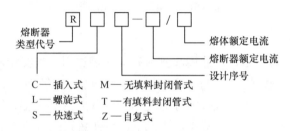

常用熔断器型号有 RC1A、RL1、RT0、RT15、RT16（NT）、RT18 等，在选用时可根据使用场合酌情选择。常用熔断器的外形如图 1-15 所示。

（a）RT0 系列有填料封闭　　（b）RT18 圆筒形帽熔断器　　（c）RT16（NT）刀形　　（d）RT15 螺栓连接熔断器
　　管式熔断器　　　　　　　　　　　　　　　　　　　触点熔断器

图 1-15　常用熔断器的外形

3. 熔断器的主要技术参数

（1）额定电压。额定电压是能保证熔断器长期正常工作的电压。若熔断器的实际工作电压大于其额定电压，熔体熔断时可能发生电弧不能熄灭的危险。

（2）额定电流。额定电流是保证熔断器在长期工作情况下，各部件温升不超过极限允许温升所能承载的电流值。它与熔体的额定电流是两个不同的概念。熔体的额定电流是指在规定的工作条件下，长时间通过熔体而熔体不熔断的最大电流值。通常一个额定电流等级的熔断器可以配用若干额定电流等级的熔体，但熔体的额定电流不能大于熔断器的额定电流值。

（3）分断能力。分断能力是指熔断器在规定的使用条件下，能可靠分断的最大短路电流值。通常用极限分断电流值来表示。

（4）时间-电流特性。时间-电流特性又称保护特性，表示熔断器的熔断时间与流过熔体电流的关系。一般熔断器的时间-电流特性如图 1-16 所示，熔断器的熔断时间随着电流的增大而减少，即反时限保护特性。

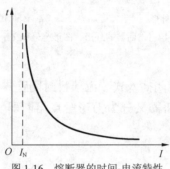

图 1-16　熔断器的时间-电流特性

4. 熔断器的选用

只有正确选择熔断器和熔体，才能起到应有的保护作用。选择熔断器的基本原则如下。

（1）根据使用场合确定熔断器的类型。例如，容量较小的照明线路或电动机的保护，宜采用 RC1A 系列插入式熔断器或 RM10 系列无填料封闭管式熔断器；短路电流较大的电路或有易燃气体的场合，宜采用具有高分断能力的 RL 系列螺旋式熔断器或 RT（包括 NT）系列有填料封闭管式熔断器；保护硅整流器件及晶闸管的场合，应采用快速熔断器（RLS 或 RS 系列）。

（2）熔断器的额定电压必须等于或高于线路的额定电压。额定电流必须等于或大于所装熔体的额定电流。

（3）熔体额定电流应根据实际使用情况按以下原则计算。

① 对于照明、电热等电流较平稳、无冲击电流的负载短路保护，熔体的额定电流应等于或稍大于负载的额定电流。

② 对一台不经常启动且启动时间不长的电动机的短路保护，熔体的额定电流 I_{RN} 应大于或等于电动机额定电流 I_N 的 1.5～2.5 倍，即 $I_{RN} \geqslant (1.5 \sim 2.5)I_N$。

③ 对于频繁启动或启动时间较长的电动机，其系数应增加到 3～3.5。

④ 对多台电动机的短路保护，熔体的额定电流应等于或大于其中最大容量电动机的额定电流 I_{Nmax} 的 1.5～2.5 倍，再加上其余电动机额定电流的总和 $\sum I_N$，即 $I_{RN} \geqslant I_{Nmax}(1.5 \sim 2.5) + \sum I_N$。

（4）熔断器的分断能力应大于电路中可能出现的最大短路电流。

5. 熔断器的安装与使用

（1）安装熔断器除保证足够的电气距离外，还应保证足够的间距，以便于拆卸、更换熔体。

（2）安装前应检查熔断器的型号、额定电压、额定电流和额定分断能力等参数是否符合规定要求。

（3）安装熔体必须保证接触良好，不能有机械损伤。

（4）安装引线要有足够的截面积，而且必须拧紧接线螺钉，避免接触不良。

熔断器简介

（5）插入式熔断器应垂直安装，螺旋式熔断器的电源线应接在瓷底座的下接线座上，负载线接在螺纹壳的上接线座上，这样在更换熔管时，旋出螺帽后螺纹壳上不带电，保证了操作者的安全。

（6）更换熔体或熔管时，必须切断电源，尤其不允许带负荷操作，以免发生电弧灼伤。

 ## 三、电气控制电路相关知识

（一）电气图识图及绘图标准

1. 电工图的种类

电工图的种类有许多，如电气原理图、安装接线图、端子排图和展开图等。其中，电气原理图和安装接线图是最常见的两种形式。

（1）电气原理图。电气原理图简称电原理图，用来说明电气系统的组成和连接的方式，以及表明它们的工作原理和相互之间的作用，不涉及电气设备和电气元件的结构或安装情况。

（2）安装接线图。安装接线图或称安装图，是电气安装施工的主要图纸，是根据电气设备或元件的实际结构和安装要求绘制的图纸。在绘图时，只考虑元件的安装配线而不必表示该元件的动作原理。

电气原理图举例如图 1-17 所示。安装接线图举例如图 1-18 所示。

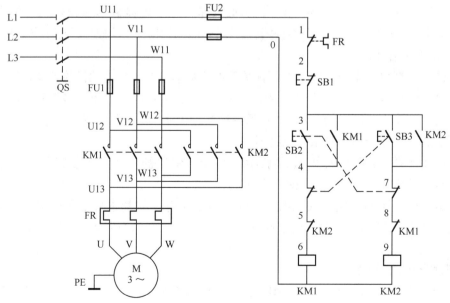

图 1-17　电气原理图举例

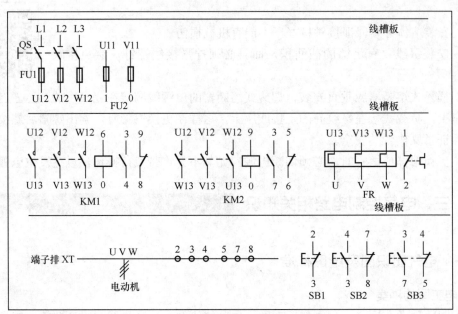

图 1-18　安装接线图举例

2. 识图的基本方法

（1）结合电工基础知识识图。在实际生产的各个领域中，所有电路（如输变配电、电力拖动和照明等）都是建立在电工基础理论之上的。因此，要想准确、迅速地看懂电气图，必须具备一定的电工基础知识。例如，三相笼型异步电动机的正转和反转控制，就是利用三相笼型异步电动机的旋转方向是由电动机三相电源的相序来决定的原理，用倒顺开关或两个接触器进行切换，改变输入电动机的电源相序，以改变电动机的旋转方向。

（2）结合电气元件的结构和工作原理识图。电路中有各种电气元件，如配电电路中的负荷开关、自动空气开关、熔断器、互感器、仪表等；电力拖动电路中常用的各种继电器、接触器和控制开关等；电子电路中常用的各种二极管、三极管、晶闸管、电容器、电感器及各种集成电路等。因此，在识读电气图时，首先应了解这些元器件的性能、结构、工作原理、相互控制关系及在整个电路中的地位和作用。

（3）结合典型电路识图。典型电路就是常见的基本电路，如电动机的启动、制动、正反转控制、过载保护电路，时间控制、顺序控制、行程控制电路等。不管多么复杂的电路，几乎都是由若干基本电路组成的。因此，熟悉各种典型电路，在识图时就能迅速分清主次环节，抓住主要矛盾，从而看懂较复杂的电路图。

（4）结合有关图纸说明识图。凭借所学知识阅读图纸说明，有助于了解电路的大体情况，便于抓住看图的重点，达到顺利识图的目的。

（5）结合电气图的制图要求识图。电气图的绘制有一些基本规则和要求，这些规则和要求是为了加强图纸的规范性、通用性和示意性而提出的，可以利用这些制图的知识准确识图。

3. 识图要点和步骤

（1）看图纸说明。图纸说明包括图纸目录、技术说明、元器件明细表和施工说明等。识图时，首先要看图纸说明。弄清设计的内容和施工要求，就能了解图纸的大体情况，抓住识图的重点。

（2）看主标题栏。在看图纸说明的基础上，接着看主标题栏，了解电气图的名称及标题栏中的有关内容。凭借有关的电路基础知识，明确认识该电气图的类型、性质、作用等，同时大致了解电气图的内容。

（3）看电路图。看电路图时，先要分清主电路和控制电路、交流电路和直流电路；其次按照先看主电路，再看控制电路的顺序读图。看主电路时，通常从下往上看，即从用电设备开始，经控制元件，顺次往电源看。看控制电路时，应自上而下、从左向右看，即先看电源，再顺次看各条回路，分析各回路元器件的工作情况及其对主电路的控制。

看主电路，要弄清用电设备是怎样从电源取电的，电源经过哪些元件到达负载等。看控制电路，要清楚回路构成、各元件间的联系（如顺序、互锁等）、控制关系和在什么条件下回路构成通路或断路，以理解工作情况等。

（4）看接线图。接线图是以电路图为依据绘制的，因此要对照电路图来看接线图。看接线图时，也要先看主电路，再看控制电路。与看电路图有所不同，看主电路接线图时，从电源输入端开始，顺次经控制元件和线路到用电设备；看控制电路接线图时，要从电源的一端到电源的另一端，按元件的顺序分析每个回路。

接线图中的线号是电气元件间导线连接的标记，线号相同的导线原则上都可以接在一起。因为接线图多采用单线表示，所以对导线的走向应加以辨别，还要明确端子板内外电路的连接。

4. 常见元件的图形符号和文字符号

常见元件的图形符号和文字符号如表 1-1 所示。

表 1-1　　　　　　　　　　　常见元件的图形符号和文字符号

类别	名称	图形符号	文字符号	类别	名称	图形符号	文字符号
开关	单极控制开关	 或	SA	开关	组合旋钮开关	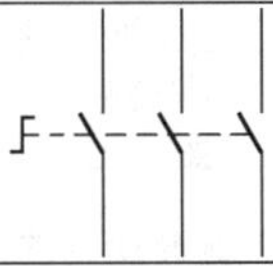	QS
	手动开关一般符号	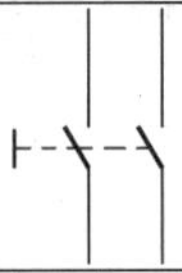	SA		低压断路器	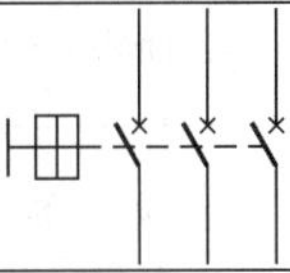	QF
	三极刀开关	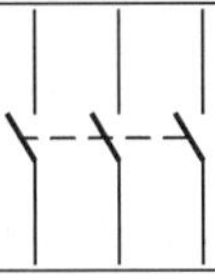	QS		控制器或操作开关	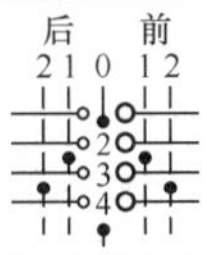 后　前 21 0 12	SA
	三极隔离开关	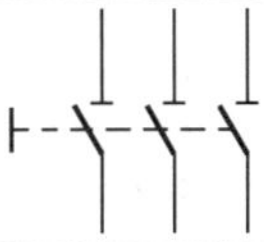	QS	接触器	线圈操作器件	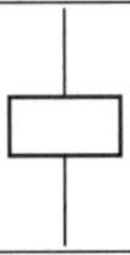	KM
	三极负荷开关	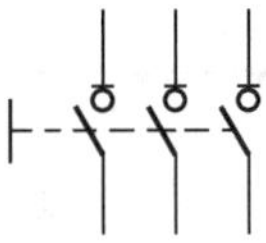	QS		常开主触点	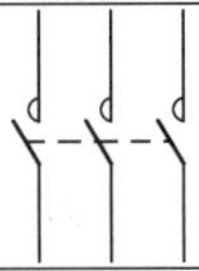	KM

类别	名　称	图形符号	文字符号	类别	名　称	图形符号	文字符号
接触器	常开辅助触点		KM	电磁继电器	电磁制动器		YB
	常闭辅助触点		KM		电磁阀		YV
时间继电器	通电延时（缓吸）线圈		KT	非电量控制的继电器	速度继电器常开触点		KS
	断电延时（缓放）线圈		KT		压力继电器常开触点		KP
	瞬时闭合的常开触点		KT	发电机	发电机		G
	瞬时断开的常闭触点		KT		直流测速发电机		TG
	延时闭合的常开触点	或	KT	灯	信号灯（指示灯）		HL
	延时断开的常闭触点	或	KT		照明灯		EL
	延时闭合的常闭触点	或	KT	接插器	插头和插座		XS 插头 XP 插座
	延时断开的常开触点	或	KT	位置开关	常开触点		SQ
电磁继电器	电磁铁的一般符号	或	YA		常闭触点		SQ
	电磁吸盘		YH		复合触点		SQ
	电磁离合器		YC	按钮	常开按钮		SB

续表

类别	名　称	图形符号	文字符号	类别	名　称	图形符号	文字符号
按钮	常闭按钮		SB	电压继电器	欠电压线圈	$U<$	KV
	复合按钮		SB		常开触点		KV
	急停按钮		SB		常闭触点		KV
	钥匙操作式按钮		SB	电动机	三相笼型异步电动机	M 3~	M
热继电器	热元件		FR		三相绕线转子异步电动机	M 3~	M
	常闭触点		FR		他励直流电动机	M	M
中间继电器	线圈		KA		并励直流电动机	M	M
	常开触点		KA		串励直流电动机	M	M
	常闭触点		KA	熔断器	熔断器		FU
电流继电器	过电流线圈	$I>$	KA	变压器	单相变压器		TC
	欠电流线圈	$I<$	KA		三相变压器		TM
	常开触点		KA		电压互感器		TV
	常闭触点		KA	互感器	电流互感器		TA
电压继电器	过电压线圈	$U>$	KV		电抗器		L

（二）三相异步电动机单向启停控制

1. 三相异步电动机点动控制

点动控制是指按下按钮，电动机就得电运转；松开按钮，电动机就失电停转。电气设备工作时常常需要点动调整，如调整车刀与工件的位置、试车等，因此需要用点动控制电路来完成。点动正转控制电路是由按钮、接触器来控制电动机运转的最简单的正转控制电路。点动控制电气原理如图 1-19 所示。

电动机点动控制

在图 1-19 中，闸刀开关 QS 作为电源隔离开关；熔断器 FU1、FU2 分别作为主电路、控制电路的短路保护。由于电动机只有点动控制，运行时间较短，主电路不需要接热继电器，启动按钮 SB 控制接触器 KM 的线圈得电、失电，用接触器 KM 的主触点控制电动机 M 的启动与停止。

电路工作原理：先合上电源开关 QS，再按下面的提示完成。

启动：按下启动按钮 SB→接触器 KM 线圈得电→KM 主触点闭合→电动机 M 启动运行
停止：松开启动按钮 SB→接触器 KM 线圈失电→KM 主触点断开→电动机 M 失电停转

值得注意的是，停止使用时，应断开电源开关 QS。

2. 三相异步电动机单向连续控制

在要求电动机启动后能连续运转时，采用点动正转控制电路显然是不行的。为实现连续运转，可采用图 1-20 所示的接触器控制的电动机单向控制电路。它与点动控制电路相比较，因为主电路电动机连续运行，所以要添加热继电器进行过载保护，而在控制电路中又多串联了一个停止按钮 SB1，并在启动按钮 SB2 的两端并联了接触器 KM 的一对常开辅助触点。

三相异步电动机
单向连续控制

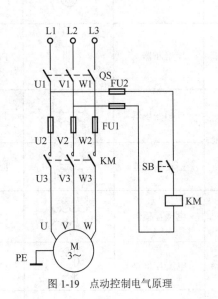

图 1-19　点动控制电气原理

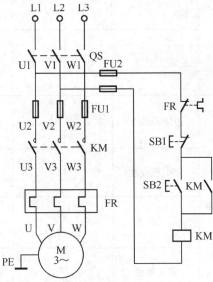

图 1-20　接触器控制的电动机单向连续控制电路

（1）电路工作原理：先合上电源开关 QS，再按下面的提示完成。

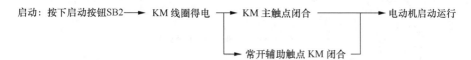

当松开启动按钮 SB2 时，因为 KM 的常开辅助触点闭合，控制电路仍然保持接通，所以 KM 线圈继续得电，电动机 M 实现连续运转。这种利用接触器 KM 本身常开辅助触点而使线圈保持得电的控制方式叫作自锁。与启动按钮 SB2 并联起自锁作用的常开辅助触点称为自锁触点。

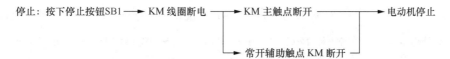

当松开停止按钮 SB1 时，其常闭触点恢复闭合，因接触器 KM 的自锁触点在切断控制电路时已断开，解除了自锁，启动按钮 SB2 也是断开的，所以接触器 KM 不能得电，电动机 M 也不会工作。

（2）电路具有的保护环节。

① 短路保护。主电路和控制电路分别由熔断器 FU1 和 FU2 实现短路保护。当控制回路和主回路出现短路故障时，能迅速有效地断开电源，实现对电器和电动机的保护。

② 过载保护。由热继电器 FR 实现对电动机的过载保护。当电动机出现过载且超过规定时间时，热继电器双金属片过热变形，推动导板，经过传动机构，使常闭辅助触点断开，从而使接触器线圈失电，电动机停转，实现过载保护。

③ 欠电压保护。当电源电压由于某种原因而下降时，电动机的转矩将显著下降，电动机无法正常运转，甚至引起电动机堵转而烧毁。采用具有自锁的控制电路可避免出现这种事故。因为当电源电压低于接触器线圈额定电压的 75% 左右时，接触器就会释放，自锁触点断开，同时常开主触点也断开，使电动机断电，起到保护作用。

④ 失电压保护。电动机正常运转时，电源可能停电，当恢复供电时，如果电动机自行启动，就很容易造成设备和人身事故。采用带自锁的控制电路后，断电时由于自锁触点已经打开，因此恢复供电时电动机不能自行启动，从而避免了事故发生。

欠电压和失电压保护作用是按钮、接触器控制连续运行的控制电路的一个重要特点。

3. 三相异步电动机点动、连续控制

要求电动机既能连续运转又能点动控制时，需要两个控制按钮，如图 1-21 所示。当连续运转时，要采用接触器自锁控制电路。当实现点动控制时，又需要解除自锁电路，要采用复合按钮，它工作时常开和常闭触点是联动的，当按钮被按下时，常闭触点先动作，常开触点随后动作；而松开按钮时，常开触点先动作，常闭触点再动作。

电路工作原理：先合上电源开关 QS，再按下面的提示完成。

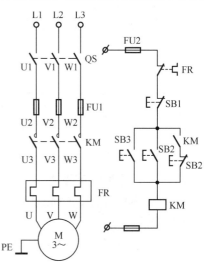

图 1-21　三相异步电动机点动、连续控制电路

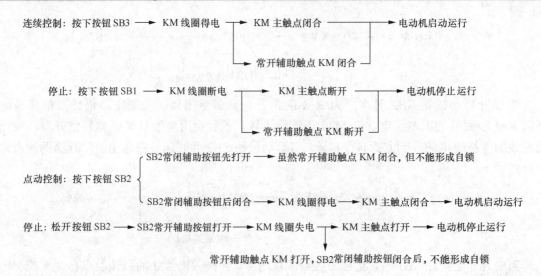

连续控制：按下按钮 SB3 ⟶ KM 线圈得电 ⟶ KM 主触点闭合 ⟶ 电动机启动运行
　　　　　　　　　　　　　　　　　　⟶ 常开辅助触点 KM 闭合

停止：按下按钮 SB1 ⟶ KM 线圈断电 ⟶ KM 主触点断开 ⟶ 电动机停止运行
　　　　　　　　　　　　　　　　　　⟶ 常开辅助触点 KM 断开

点动控制：按下按钮 SB2 ⟶ SB2常闭辅助按钮先打开 ⟶ 虽然常开辅助触点 KM 闭合，但不能形成自锁
　　　　　　　　　　　　 ⟶ SB2常闭辅助按钮后闭合 ⟶ KM 线圈得电 ⟶ KM 主触点闭合 ⟶ 电动机启动运行

停止：松开按钮 SB2 ⟶ SB2常开辅助按钮打开 ⟶ KM 线圈失电 ⟶ KM 主触点打开 ⟶ 电动机停止运行
　　　　　　　　　　　　　　　　　　　　　　　⟶ 常开辅助触点 KM 打开，SB2常闭辅助按钮闭合后，不能形成自锁

（三）三相异步电动机正反转控制

1. 不带联锁的三相异步电动机的正反转控制

三相异步电动机的正反转运行需要改变通入电动机定子绕组的三相电源相序，即把三相电源中的任意两相对调接线，电动机即可反转，如图 1-22 所示。

三相异步电动机
正反转控制

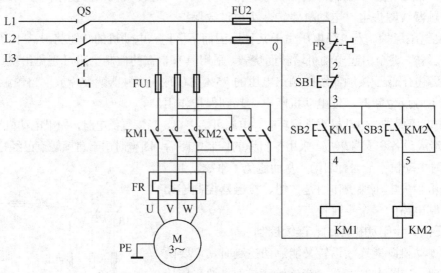

图 1-22　三相异步电动机的正反转电气原理

在图 1-22 中，KM1 为正转接触器，KM2 为反转接触器，它们分别由按钮 SB2 和 SB3 控制。从主电路中可以看出，这两个接触器的主触点所接通电源的相序不同，KM1 按 U—V—W 相序接线，KM2 则按 W—V—U 相序接线。相应的控制电路有两条，分别控制两个接触器的线圈。

电路工作过程：先合上电源开关 QS，再按下面的提示完成。

（1）正转控制。

正转启动：按下按钮 SB2 ──→ KM1 线圈得电 ──→ KM1 主触点闭合 ──→ 电动机正转

　　　　　　　　　　　　　　　　　　 └──→ 常开辅助触点 KM1 闭合

（2）反转控制。

先停止：按下按钮 SB1 ──→ KM1 线圈断电 ──→ KM1 主触点断开 ──→ 电动机停止

　　　　　　　　　　　　　　　　　　 └──→ 常开辅助触点 KM1 断开

再反转启动：接下按钮 SB3 ──→ KM2 线圈得电 ──→ KM2 主触点闭合 ──→ 电动机反转

　　　　　　　　　　　　　　　　　　 └──→ 常开辅助触点 KM2 闭合

　　接触器控制正反转电路操作不便，必须保证在切换电动机运行方向之前先按下停止按钮，然后按下相应的启动按钮，否则将会发生主电源侧电源短路的故障。为克服这一不足，提高电路的安全性，需采用联锁控制。

2. 具有联锁的电动机正反转控制

　　联锁控制就是在同一时间里，两个接触器只允许一个工作的控制方式，也称为互锁控制。实现联锁控制的常用方法有接触器联锁、按钮联锁和复合联锁控制等。图 1-23 所示即为具有正反联锁控制的电动机正反转控制电气原理，主电路同图 1-22。可见联锁控制的特点是将本身控制支路元件的常闭触点串联到对方控制电路的支路中。

　　电路的工作原理：首先合上开关 QS，再按下面的提示完成。

图 1-23　具有正反联锁控制的电动机正反转控制电气原理

（1）正转控制。

启动：按下按钮 SB2→KM1 线圈得电
　　　 ├ KM1 常闭触点打开→使 KM2 线圈无法得电（联锁）
　　　 ├ KM1 主触点闭合→电动机 M 通电启动正转
　　　 └ KM1 常开触点闭合→自锁

停止：按下按钮 SB1→KM1 线圈失电
　　　 ├ KM1 常闭触点闭合→解除对 KM2 的联锁
　　　 ├ KM1 主触点打开→电动机 M 停止正转
　　　 └ KM1 常开触点打开→解除自锁

（2）反转控制。

启动：按下按钮 SB3→KM2 线圈得电
　　　 ├ KM2 常闭触点打开→使 KM1 线圈无法得电（联锁）
　　　 ├ KM2 主触点闭合→电动机 M 通电启动反转
　　　 └ KM2 常开触点闭合→自锁

停止：按下按钮 SB1→KM2 线圈失电
　　　 ├ KM2 常闭触点闭合→解除对 KM1 的联锁
　　　 ├ KM2 主触点打开→电动机 M 停止反转
　　　 └ KM2 常开触点打开→解除自锁

由此可见，通过按钮 SB2 和 SB3 控制 KM1、KM2 动作，改变接入电动机的交流电的三相顺序，就改变了电动机的旋转方向。

四、应用举例

（一）三相异步电动机双重互锁的正反转控制电路的安装调试

1. 工作任务

（1）能分析交流电动机联锁控制原理。

（2）能正确识读电路图、装配图。

（3）能按照工艺要求正确安装交流电动机联锁控制电路。

（4）能根据故障现象检修交流电动机联锁控制电路。

2. 工作原理

工作原理如图 1-24 所示。

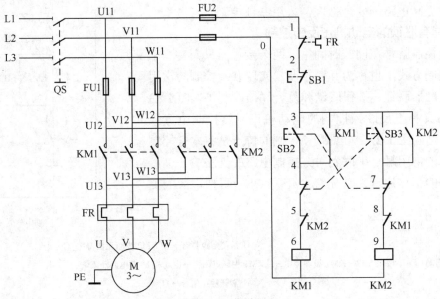

图 1-24　工作原理

3. 工作准备

（1）工具、仪表及器材。

① 工具。测电笔、螺钉旋具、尖嘴钳、斜口钳、剥线钳、电工刀、校验灯等。

② 仪表。5050 型兆欧表、T301-A 型钳形电流表、MF47 型万用表。

③ 器材。接触器联锁正反转控制电路板一块。导线规格：动力电路采用 1.5 mm² 单芯硬铜线（BV）和 1.5 mm² 单芯多股塑铜线（BVR）（黑色）；控制电路采用 1 mm² BVR（红色）；接地线采用 BVR（黄绿双色）（截面积至少 1.5 mm²）。紧固体及编码套管等，其数量按需要而定。

（2）元器件明细表（见表 1-2）。

表 1-2　　　　　　　　　　　　　　　元器件明细表

代　号	名　　称	型　号	规　格	数　量
M	三相异步电动机	Y112M-4	4 kW、380 V、△接法、8.8 A、1 440 r/min	1
QS	组合开关	HZ10-25/3	三极、25 A	1
FU1	熔断器	RL1-60/25	500 V、60 A、配熔体 25 A	3
FU2	熔断器	RL1-15/2	500 V、15 A、配熔体 2 A	2
KM1、KM2	交流接触器	CJ10-20	20 A、线圈电压 380 V	2
FR	热继电器	JR16-20/3	三极、20 A、整定电流 8.8 A	1
SB1～SB3	按钮	LA10-3H	保护式、380 V、5 A	3
XT	端子排	JX2-1015	380 V、10 A、15 节	1

（3）场地要求。

电工实训室、电工工作台。

4．读图

（1）低压电器及其作用。本任务涉及的低压电器有组合开关、熔断器、按钮、交流接触器、热继电器，除此之外，本任务还需用到三相异步电动机。

各低压电器作用如下。

① 组合开关 QS 作为电源隔离开关。

② 熔断器 FU1、FU2 分别作主电路、控制电路的短路保护。

③ 停止按钮 SB1 控制接触器 KM1、KM2 的线圈失电。

④ 复合按钮 SB2 控制接触器 KM1 线圈得电，同时对接触器 KM2 线圈联锁。

⑤ 复合按钮 SB3 控制接触器 KM2 线圈得电，同时对接触器 KM1 线圈联锁。

⑥ 接触器 KM1、KM2 的主触点控制电动机 M 正反转的启动与停止。

⑦ 接触器 KM1、KM2 的常开辅助触点自锁；接触器 KM1、KM2 的常闭辅助触点联锁。

⑧ 热继电器 FR 对电动机 M 进行过载保护。

（2）对照工作原理图、电气元件布置图、接线图识别对应的电气元件。

（3）控制电路工作过程中合上电源开关 QS，再按下面的提示完成。

① 正转控制。

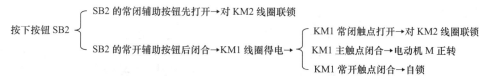

② 由正转直接到反转控制。

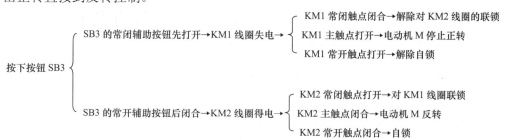

③ 停止。

按下按钮 SB1→KM2 线圈失电→⎧ KM2 常闭触点闭合→解除对 KM1 线圈的联锁
                                         ⎨ KM2 主触点打开→电动机 M 停止反转
                                         ⎩ KM2 常开触点打开→解除自锁

5. 工作步骤

（1）根据电路图画出接线图。

（2）按表 1-2 配齐所用电气元件，并检验质量。电气元件应完好无损，各项技术指标符合规定要求，否则应予以更换。

（3）在控制板上按图 1-25 所示的布置安装所有的电气元件，并贴上醒目的文字符号。安装时，组合开关、熔断器的受电端子应安装在控制板的外侧；元件排列要整齐、匀称、间距合理，并且便于更换元件；紧固电气元件时用力要均匀，紧固程度适当，做到既要使元件安装牢固，又不使其损坏。

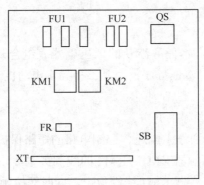

图 1-25 电气元件布置

（4）按图 1-26 所示的元件布置图进行板前明线布线和套编码套管，做到布线横平竖直、整齐、分布均匀、紧贴安装面、走线合理；套编码套管要正确；严禁损伤线芯和导线绝缘层；接点牢靠，不得松动，不得压绝缘层，不反圈及不露铜过长等。

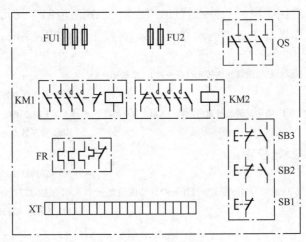

图 1-26 元件布置图

（5）根据图 1-24 所示的电路图检查控制板布线的正确性。

（6）安装电动机要做到安装牢固平稳，以防止在换向时产生滚动而引起事故。

（7）可靠连接电动机和按钮金属外壳的保护接地线。

（8）连接电源、电动机等控制板外部的导线。导线要敷设在导线通道内，或采用绝缘良好的橡胶线进行通电校验。

（9）自检。安装完毕的控制电路板必须按要求认真检查，确保无误后才允许通电试车。

① 主电路接线检查。按电路图或接线图从电源端开始，逐段核对接线有无漏接、错接之处，检查导线接点是否符合要求，压接是否牢固，以免带负载运行时产生闪弧现象。

② 控制电路接线检查。用万用表电阻挡检查控制电路接线情况。

（10）检验合格后，通电试车。通电时，必须经指导教师同意后再接通电源，并有教师在现场监护。出现故障后，学生应独立检修。需带电检查时，必须有教师在现场监护。

接通三相电源 L1、L2、L3，合上电源开关 QS，用测电笔检查熔断器出线端，若氖管亮说明电源接通。分别按下按钮 SB1、SB2 和 SB3，观察是否符合线路功能要求，观察电气元件动作是否灵活，有无卡阻及噪声过大现象，观察电动机运行是否正常。若有异常，立即停车检查。

（11）通电试车完毕，停转、切断电源。先拆除三相电源线，再拆除电动机负载线。

通过项目一的应用举例：三相异步电动机双重互锁的正反转控制电路的安装调试，详细说明电气控制电路安装调试的工作准备、读图、工作步骤等过程，后面项目的应用举例就着重讲解工作原理，其他略过。

【拓展阅读】用电安全小知识——规范操作的小故事

某输油站的维修电气技术员，工作中遇到过一个小事故。一天，居民楼上的水泵电动机无法正常工作了，恰巧当时其他人都已去其他现场工作。这名电气技术员想着正是小露一手的机会，于是匆忙地断掉电动机的电源后就直奔水泵房。当工具接触到一相电源的时候，突然一道光弧闪现，伴随着麻木的感觉，该名技术员倒在地上，大脑一片空白，手上一片红肿，所幸无生命危险。

事后，老班长严厉地批评了该名技术员，并且分析了原因：首先，由于该名技术员的疏忽，停错了电动机的电源；其次，在没有断电的情况下作业，并且没有戴绝缘手套；最后没有另一名技术员作为监护员。这些都严重违反了安全规程。

现在电气操作越来越趋于自动化，但是我们也一定不能麻痹大意，在学习期间就要坚持学习操作规程，严格按照操作规程操作，避免事故发生。

（二）CA6140 型车床电气控制

CA6140 型车床是普通车床的一种，加工范围较广，但自动化程度低，适于小批量生产及修配车间使用。

1. 主要结构及运动特点

普通车床主要由床座、床身、挂轮架、主轴变速箱、进给箱、溜板箱、横/纵溜板、操作手柄、刀架、尾架、丝杠和光杠等部件组成。CA6140 型车床外观结构如图 1-27 所示。

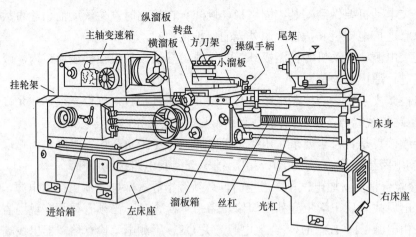

图 1-27　CA6140 型车床外观结构

主轴变速箱的功能是支撑主轴及其传动部分，并能改变主轴运动速度，包含主轴及其轴承、传动机构、启停及换向装置、制动装置、操纵机构及润滑装置。CA6140 型车床的主轴变速箱可使主轴获得 24 级正转转速（10～1 400 r/min）和 12 级反转转速（14～1 580 r/min）。

进给箱的作用是变换被加工螺纹的种类和导程，以及获得所需的各种进给量。它通常由变换螺纹导程和进给量的变速机构、变换螺纹种类的移换机构、丝杠和光杠转换机构及操纵机构等组成。

溜板箱的作用是将丝杠或光杠传来的旋转运动转变为直线运动并带动刀架进给，控制刀架运动的接通、断开和换向等。刀架则用来安装车刀并带动其做纵向、横向和斜向进给运动。

车床有两个主要运动：一个是卡盘或顶尖带动工件的旋转运动；另一个是溜板带动刀架的直线移动。前者称为主运动，后者称为进给运动。中、小型普通车床的主运动和进给运动一般是采用一台异步电动机驱动的。此外，车床还有辅助运动，如溜板和刀架的快速移动、尾架的移动及工件的夹紧与放松等。

2. 电气控制要求

根据车床的运动情况和工艺要求，车床对电气控制提出如下要求。

（1）主拖动电动机一般选用三相笼型异步电动机，并采用机械变速。

（2）为车削螺纹，主轴要求正反转，小型车床由电动机来实现正反转，CA6140 型车床则靠摩擦离合器来实现正反转，电动机只做单向旋转。

（3）一般中、小型车床的主轴电动机均采用直接启动。停机时为实现快速停机，一般采用机械制动或电气制动。

（4）车削加工时，需用切削液对刀具和工件进行冷却，因此，设有一台冷却泵电动机，拖动冷却泵输出冷却液。

（5）冷却泵电动机与主轴电动机具有联锁关系，即冷却泵电动机应在主轴电动机启动后才可选择启动，而当主轴电动机停止时，冷却泵电动机立即停止。

（6）为实现溜板箱的快速移动，由单独的快速移动电动机拖动，且采用点动控制。

（7）电路应有必要的保护环节、安全可靠的照明电路和信号电路。

3. CA6140 型车床的控制电路

CA6140 型车床的电气原理如图 1-28 所示，M1 为主轴及进给电动机，拖动主轴和工件旋转，并通过进给机构实现车床的进给运动；M2 为冷却泵电动机，拖动冷却泵输出冷却液；M3 为快速移动电动机，拖动溜板实现快速移动。

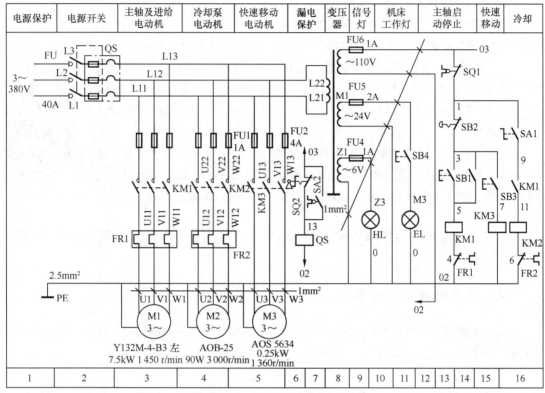

图 1-28　CA6140 型车床的电气原理

（1）主轴及进给电动机 M1 的控制：由启动按钮 SB1、停止按钮 SB2 和接触器 KM1 构成电动机单向连续运转启动-停止电路。

> 启动：按下按钮 SB1→KM1 线圈得电并自锁→电动机 M1 单向全压启动，通过摩擦离合器及传动机构拖动主轴正转或反转，以及刀架的直线进给
>
> 停止：按下按钮 SB2→KM1 线圈断电→电动机 M1 自动停止

（2）冷却泵电动机 M2 的控制：由接触器 KM2 电路实现。

主轴电动机启动之后，KM1 辅助触点（9—11）闭合，此时合上开关 SA1，KM2 线圈通电，M2 全压启动。停止时，断开 SA1 或使主轴电动机 M1 停止，则 KM2 线圈断电，使电动机 M2 自由停止。

（3）快速移动电动机 M3 的控制：由按钮 SB3 控制接触器 KM3，进而实现电动机 M3 的点动控制。操作时，先将快、慢速进给手柄扳到所需移动方向，即可接通相关的传动机构，再按下按钮 SB3，即可实现该方向的快速移动。

（4）保护环节。

① 电路电源开关是带有开关锁 SA2 的断路器 QS。机床接通电源时需用钥匙开关操作，再合上 QS，增加了安全性。当需合上电源时，先用开关钥匙插入开关锁 SA2 中并右旋，使

QS 线圈断电，再扳动断路器 QS 将其合上，机床电源接通。若将开关锁 SA2 左旋，则触点 SA2（03—13）闭合，QS 线圈通电，断路器跳闸，机床断电。

② 打开机床控制配电盘壁龛门，自动切除机床电源的保护。在配电盘壁龛门上装有安全开关 SQ2，当打开配电盘壁龛门时，安全开关的触点 SQ2（03—13）闭合，断路器线圈通电而自动跳闸，断开电源，确保人身安全。

③ 机床床头皮带罩处设有安全开关 SQ1，当打开皮带罩时，安全开关触点 SQ1（03—1）断开，将接触器 KM1、KM2、KM3 线圈电路切断，电动机将全部停止旋转，确保了人身安全。

④ 为满足打开机床控制配电盘壁龛门进行带电检修的需要，可将安全开关 SQ2 传动杆拉出，使触点 SQ2（03—13）断开，此时 QS 线圈断电，开关 QS 仍可合上。带电检修完毕，关上壁龛门后，将安全开关 SQ2 传动杆复位，SQ2 保护作用照常起作用。

CA6140 型
车床电气控制

⑤ 电动机 M1、M2 由热继电器 FR1、FR2 实现电动机长期过载保护；断路器 QS 实现电路的过电流、欠电压保护；熔断器 FU、FU1～FU6 实现各部分电路的短路保护。此外，还设有机床照明灯 EL 和信号灯 HL 进行刻度照明。

 五、实训操作及视频演示

（一）交流接触器的拆装

交流接触器是一种自动的电磁式开关，利用电磁力作用和弹簧的反作用力，使触点闭合与分断，从而控制电路的通断，完成电能向机械能的转换。

接触器的零部件较多，在进行拆装时，要注意各零部件的作用、位置关系和结构特点，要注意不要伤及吸引线圈，不要造成短路环断裂和铁芯的破损。拆卸时，应将零部件放在盒子内，以免丢失零件。下面以 CJ10-10 为例说明拆装的步骤和方法。

拆装接触器的一般步骤如下。

1. 拆卸

（1）观察接触器外部特征，记录相关参数，做好记号。

（2）分析和确定拆卸方法与步骤。

（3）松开底部的盖板螺钉，取下盖板。在松盖板螺钉时，要用手按着盖板，并慢慢放松。

（4）取下缓冲绝缘纸片、静铁芯及其支架。记录盖板内绝缘、缓冲纸片的大小、形状等数据。注意静铁芯的形状、特点。

（5）取下缓冲弹簧。记录弹簧的大小、长度，钢丝直径、数量等参数。

（6）取下吸引线圈。注意不能弄断线圈的引出线，损伤弹簧卡。记录线圈上标注的相关参数，并记下线圈的安装方向。

（7）取出反作用弹簧和动触点。记录弹簧参数，观察动触点的安装方向。

（8）抽出衔铁及连接支架，取出触点压力弹簧，记录弹簧参数。

（9）触点与铁芯修整。

（10）必要时可以根据拆卸情况画出器件装配示意图。

2. 装配

装配顺序与拆卸时相反。

3. 通电校验

首先用万用表欧姆挡检查线圈及各触点是否接触良好，并用手按下接触器，检查运动部分是否灵活，然后通以线圈额定电压进行试验，1min 内，连续进行 10 次分、合试验，全部成功则为合格。

交流接触器的
拆卸

交流接触器触点压
力弹簧的安装

交流接触器的
安装

（二）电动机点动控制电路的接线运行

1. 电气原理图

电动机点动控制电气原理图如图 1-29 所示。根据电气原理图在网孔板上对电气元件进行布局，布置图如图 1-30 所示。

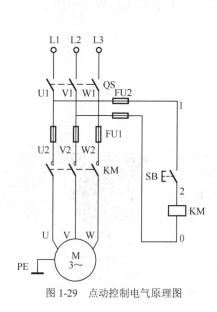

图 1-29　点动控制电气原理图

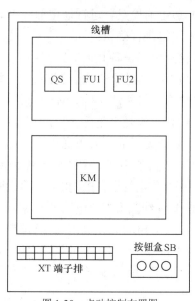

图 1-30　点动控制布置图

2. 电路接线方法与步骤

系统电路接线分为主电路接线和控制电路接线。

（1）主电路接线。

① 从电源引出 L1、L2、L3 三相至断路器 QS 的进线端。

② 从断路器 QS 的出线端引出 U1、V1、W1 接至熔断器 FU1 的进线端。

③ 从熔断器 FU1 的出线端引出 U2、V2、W2 接至交流接触器 KM 主触点的 3 个进线端。

④ 从交流接触器 KM 主触点的 3 个出线端引出接至端子排 XT 上的 U、V、W。

⑤ 从端子排 XT 上的 U、V、W 接至三相电动机，完成电动机 M 的接地。

（2）控制电路接线。

① 从主电路中断路器 QS 的出线端引出 U1、V1 两相至熔断器 FU2 的进线端。

② 从熔断器 FU2 的出线端引出 1 号线接至端子排 XT。

③ 从端子排 XT 上 1 号线对应的出线端引出接至常开按钮 SB 的进线端。

④ 从常开按钮 SB 的出线端引出 2 号线接至端子排 XT。

⑤ 从端子排 XT 上 2 号线对应的出线端引出接至交流接触器 KM 的线圈进线端。

⑥ 从交流接触器 KM 的线圈出线端引出 0 号线接至熔断器 FU2 左位的出线端。

3. 电路的工艺要求

（1）元器件布置整齐、匀称、合理，安装牢固。

（2）导线必须沿线槽内走线，线槽进线和出线应该整齐、美观，线路连接、套管、标号应符合工艺要求，接触器外部不允许有直接连接的导线。

（3）主电路中电动机的连接导线和控制电路中按钮的连接导线均需进端子排。

（4）导线与接线端子连接牢固，连接点处裸露导线长度合适、无毛刺。

（5）安装完毕应盖好盖板。

4. 电路的运行调试

系统电路完成接线之后，需要对线路进行检查，分为通电前检查和通电后检查。

（1）通电前检查。进行通电前检查时，用万用表的二极管挡位或者电阻挡位，应用观察法和电阻法等进行确认：

① 检查电气设备有无短路问题；

② 检查元器件是否安装正确、牢固可靠；

③ 检查线号标注正确合理，有无漏错；

④ 检查布线是否正确合理，有无漏错。

以上确认无误后，方可通电。

（2）电气控制电路的调试及通电后检查。对系统电路进行调试，正确操作电气设备控制电路，合上断路器 QS，按下常开按钮 SB，KM 线圈得电，电动机 M 启动，松开常开按钮 SB，KM 线圈失电，电动机 M 停止。检查控制动作与工作过程是否正常；如不正常，用万用表的交流电压 500V 挡位来检查，可以采用分段电压法和分阶电压法等测量，进行通电检查。

三相异步电动机点动主电路接线

三相异步电动机点动控制电路接线及功能

（三）三相异步电动机单向启停控制电路的接线运行

1. 电气原理图

电动机单向启停控制电气原理图如图 1-31 所示。根据电气原理图在网孔板上对电气元件进行布局，布置图如图 1-32 所示。

2. 系统电路接线

系统电路接线分为主电路接线和控制电路接线。

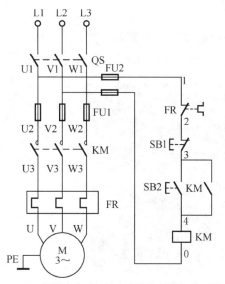

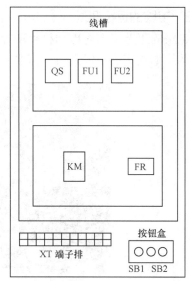

图 1-31　三相异步电动机单向启停控制电气原理图　　　　图 1-32　三相异步电动机单向启停控制元器件布置图

（1）主电路接线。

① 从电源引出 L1、L2、L3 三相至断路器 QS 的进线端。

② 从断路器 QS 的出线端引出 U1、V1、W1 接至熔断器 FU1 的进线端。

③ 从熔断器 FU1 的出线端引出 U2、V2、W2 接至交流接触器 KM 主触点的 3 个进线端。

④ 从交流接触器 KM 主触点的 3 个出线端引出 U3、V3、W3 接至热继电器 FR 热元件的 3 个进线端。

三相异步电动机单向启停主电路接线

三相异步电动机单向启停控制电路接线及功能

⑤ 从热继电器 FR 热元件的 3 个出线端引出接至端子排 XT 上的 U、V、W。

⑥ 从端子排 XT 上的 U、V、W 接至三相电动机，完成电动机 M 的接地。

（2）控制电路接线。

① 从主电路中断路器 QS 的出线端引出 U1、V1 两相至熔断器 FU2 的进线端。

② 从熔断器 FU2 的右位出线端引出 1 号线接至热继电器 FR 常闭触点的进线端。

③ 从热继电器 FR 常闭触点的出线端引出 2 号线接至端子排 XT。

④ 从端子排 XT 上 2 号线对应的出线端引出接至常闭按钮 SB1 的进线端。

⑤ 从常闭按钮 SB1 的出线端引出 3 号线接至常开按钮 SB2 的进线端。

⑥ 从常开按钮 SB2 的出线端引出 4 号线接至端子排 XT。

⑦ 从端子排 XT 上 4 号线对应的出线端引出接至交流接触器 KM 的线圈进线端。

⑧ 从交流接触器 KM 的线圈出线端引出 0 号线接至熔断器 FU2 左位的出线端。

（3）自锁电路的接线。

① 从常开按钮 SB2 的进线端引出 3 号线接至端子排 XT，从端子排 XT 上 3 号线对应的出线端引出 3 号线接至交流接触器 KM 辅助常开触点的进线端。

② 从交流接触器 KM 辅助常开触点的出线端引出 4 号线接至交流接触器 KM 线圈的进线端。

电动机单向启停控制电路实物图如图 1-33 所示。

3. 电路的运行调试

电路的工艺要求与电动机点动控制的接线运行中线路的工艺要求一致。

系统电路完成接线之后，需要对线路进行检查，分为通电前检查和通电后检查。

图1-33 电动机单向启停控制电路实物图

（1）通电前检查。与电动机点动控制的接线运行中通电前检查一致。

（2）电气控制电路的调试及通电后检查。对系统电路进行调试，正确操作电气设备控制电路，合上断路器 QS，按下按钮 SB2，KM 线圈得电，电动机 M 启动；松开按钮 SB2，因 KM 线圈与辅助常开触点 KM 形成自锁，电动机 M 持续转动；按下按钮 SB1，KM 线圈失电，电动机 M 停止。检查控制动作与工作过程是否正常；如不正常，用万用表的交流电压 500V 挡位来检查，可以采用分段电压法和分阶电压法等测量，进行通电检查。

（四）三相异步电动机正反转控制电路的接线运行

1. 电气原理图

电动机正反转控制电气原理图如图1-34所示。根据电气原理图在网孔板上对电气元件进行布局，布置图如图1-35所示。

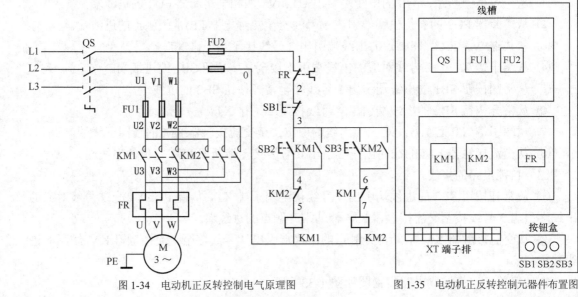

图1-34 电动机正反转控制电气原理图　　　　图1-35 电动机正反转控制元器件布置图

2. 系统电路接线

系统电路接线分为主电路接线和控制电路接线。

（1）主电路接线。

① 从电源引出 L1、L2、L3 三相至断路器 QS 的进线端。

② 从断路器 QS 的出线端引出 U1、V1、W1 接至熔断器 FU1 的进线端。

③ 从熔断器 FU1 的出线端引出 U2、V2、W2 接至交流接触器 KM1 主触点的 3 个进线端。

④ 从交流接触器 KM1 主触点的 3 个出线端引出 U3、V3、W3 接至热继电器 FR 热元件的 3 个进线端。

⑤ 从热继电器 FR 热元件的 3 个出线端引出接至端子排 XT 上的 U、V、W。

⑥ 从端子排 XT 上的 U、V、W 接至三相电动机，完成电动机 M 的接地。

以上电路接线过程中 U、V、W 要分别对应。

⑦ 从交流接触器 KM1 主触点的进线端 U2、V2、W2 分别引出，按从左至右的顺序依次接至交流接触器 KM2 主触点的进线端。

⑧ 从交流接触器 KM1 的出线端 U 相接至 KM2 的出线端 W 相，KM1 出线端 W 相接至 KM2 的出线端 U 相，KM1 出线端 V 相接至 KM2 的出线端 V 相，完成 KM1 和 KM2 的 U 相和 W 相的换相，实现电动机正反转控制。

（2）控制电路接线。

① 从主电路中断路器 QS 的右位出线端引出 U1、V1 两相至熔断器 FU2 的进线端；从熔断器 FU2 的右位出线端引出 1 号线接至热继电器 FR 常闭触点的进线端。

② 从热继电器 FR 常闭触点的出线端引出 2 号线接至端子排 XT；从端子排 XT 上 2 号线对应的出线端引出 2 号线接至常闭按钮 SB1 的进线端。

③ 从常闭按钮 SB1 的出线端引出 3 号线接至常开按钮 SB2 的进线端；从常开按钮 SB2 的出线端引出 4 号线接至端子排 XT；从端子排 XT 上 4 号线对应的出线端引出 4 号线接至交流接触器 KM2 辅助常闭触点的进线端。

④ 从交流接触器 KM2 辅助常闭触点的出线端引出 5 号线接至交流接触器 KM1 线圈的进线端；从交流接触器 KM1 线圈的出线端引出 0 号线接至熔断器 FU2 左位的出线端。

⑤ 从常闭按钮 SB1 的出线端引出 3 号线接至端子排 XT；从端子排 XT 上 3 号线对应的出线端引出 3 号线接至交流接触器 KM1 辅助常开触点的进线端。

⑥ 从交流接触器 KM1 辅助常开触点的出线端引出 4 号线接至交流接触器 KM2 辅助常闭触点的进线端。

⑦ 从常开按钮 SB2 的进线端引出 3 号线接至常开按钮 SB3 的进线端；从常开按钮 SB3 的出线端引出 6 号线接至端子排 XT；从端子排 XT 上 6 号线对应的出线端引出 6 号线接至交流接触器 KM1 辅助常闭触点的进线端。

⑧ 从交流接触器 KM1 辅助常闭触点的出线端引出 7 号线接至交流接触器 KM2 线圈的进线端；从交流接触器 KM2 线圈的出线端引出 0 号线接至交流接触器 KM1 线圈的出线端。

⑨ 从交流接触器 KM2 辅助常开触点的进线端引出 3 号线接至交流接触器 KM2 辅助常开触点的进线端；从交流接触器 KM2 辅助常开触点的出线端引出 6 号线接至交流接触器 KM1

辅助常闭触点的进线端。

电动机正反转控制电路实物图如图 1-36 所示。

三相异步电动机正
反转主电路接线

三相异步电动机正
反转控制电路接线
及功能

图 1-36　电动机正反转控制电路实物图

3. 电路的运行调试

线路的工艺要求与电动机点动控制的接线运行中线路的工艺要求一致，系统电路完成接线之后，需要对线路进行检查。检查分为通电前检查和通电后检查。

（1）通电前检查。通电前检查与电动机点动控制的接线运行中通电前检查一致，确认无误后，方可通电。

（2）电气控制电路的调试及通电后检查。对系统电路进行调试，正确操作电气设备控制电路，合上断路器 QS，按下按钮 SB2，KM1 线圈得电，电动机 M 正转启动；松开按钮 SB2，因 KM1 线圈与 KM1 辅助常开触点形成自锁，电动机 M 持续正转；因 KM1 线圈得电，KM1 辅助常闭触点断开，故此过程 KM2 线圈不可能得电。按下按钮 SB3，KM2 线圈得电，电动机 M 反转启动；松开按钮 SB3，因 KM2 线圈与 KM2 辅助常开触点形成自锁，电动机 M 持续反转；因 KM2 线圈得电，KM2 辅助常闭触点断开，故此过程 KM1 线圈不可能得电。按下按钮 SB1，KM1 线圈和 KM2 线圈均失电，电动机 M 停止。检查控制动作与工作过程是否正常；如不正常，用万用表的交流电压 750V 挡位来检查，可以采用分段电压法和分阶电压法等测量，进行通电检查。

【拓展阅读】劳模榜样徐川子——"电力十足"的青春

全国五一劳动奖章获得者、全国五一巾帼标兵……1985 年出生的徐川子，在装表接电的基层一线已经工作了 10 年。因为真心热爱，所以全心投入。别人眼里辛苦枯燥的装表工作，在徐川子眼中充满艺术的美感。为了提高可看性，每次安装电表时，她都要把所有的线路排布整齐，不仅横平竖直，转角还得基本达到 90°，一套工序下来，尽显其工匠精神。装表接电得大街小巷、田间地头地跑，配电房里约 50℃ 的高温，让这身工作服始终汗渍斑斑。也许是这样一种遇到问题不逃避，喜欢较真的性格，成就了今天的徐川子。在装表计量班一扎根就是 10 年的徐川子，对计量安装工艺有着执着的追求。

项目小结

本项目通过电动机正反转控制电路引出常用电气控制器件，首先讲述了项目中用到的按钮、开关、接触器、热继电器和熔断器，以及这些低压电器的结构、动作原理、常用型号、图形符号及选择方法；接着讲述了电气识图基本知识、电动机单向启动和正反转控制电路，以及三相异步电动机的点动、连续及正反转等基本控制环节。这些是在实际当中经过验证的电路。熟练掌握这些电路是阅读、分析、设计较复杂生产机械控制电路的基础。同时，在绘制电路图时，必须严格按照国家标准规定使用各种符号、单位、名词术语和绘制原则。

电气控制系统图主要有电气原理图、电气元件布置图和电气安装接线图，应重点掌握电气原理图的规定画法及国家标准。

生产机械要正常、安全、可靠地工作，必须有必要的保护环节。控制电路的常用保护有短路保护、过载保护、失电压保护、欠电压保护，分别用不同的电器来实现。

本项目中，还通过应用举例学习了三相异步电动机互锁控制的正反转控制的安装调试试车，介绍了 CA6140 型车床电气控制的线路组成、工作原理、安装调试和常见故障排除。

本项目还讲述了交流接触器的拆装的方法与步骤；三相异步电动机点动控制电路的接线运行、三相异步电动机单向启停控制电路的接线运行、三相异步电动机正反转控制电路的接线运行 3 个电路的接线方法、步骤、工艺要求及调试运行过程，同时扫描二维码就可以观看相应的实训操作及视频演示。

 习题及思考

1．电路中 FU、KM、FR 和 SB 分别是什么电气元件的文字符号？

2．笼型异步电动机是如何改变旋转方向的？

3．什么是互锁（联锁）？什么是自锁？试举例说明各自的作用。

4．低压电器的电磁机构由哪几部分组成？

5．熔断器有哪几种类型？试写出各种熔断器的型号。熔断器在电路中的作用是什么？

6．熔断器有哪些主要参数？熔断器的额定电流与熔体的额定电流是不是一样？

7．熔断器与热继电器用于保护交流三相异步电动机时能不能互相取代？为什么？

8．交流接触器主要由哪几部分组成？简述其工作原理。

9．试画出交流接触器的图形符号。

10．试说明热继电器的工作原理和优缺点。

11．图 1-37 所示是在控制电路实现电动机顺序控制的两种电路（主电路略），试分析说明各电路有什么特点，能满足什么控制要求。

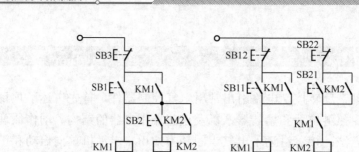

图 1-37　题 11 电路

12．试设计一个控制一台电动机的电路，要求：①可正反转；②正反向点动；③具有短路和过载保护。

项目二 Z3050 型摇臂钻床电气控制

学习目标

1. 了解 Z3050 型摇臂钻床的结构与运动情况及拖动特点。

2. 掌握行程开关、低压断路器、中间继电器、时间继电器的结构特点、图形符号、型号及选择。

3. 掌握电动机不同顺序控制电气线路的设计方法与技巧。

4. 能分析并设计工作台自动往返电气控制电路并能进行安装调试与故障维修。

5. 能分析并设计工作台自动往返两边延时电气控制电路并能进行安装调试与故障维修。

6. 掌握 Z3050 型摇臂钻床的电气控制原理分析方法及调试技能。

7. 掌握分析与排除 Z3050 型摇臂钻床常见电气故障的技能。

8. 增强学生的文化自信、职业使命感、安全意识，以及对工匠精神的认同感。

一、项目简述

钻床是一种孔加工设备，可以用来进行钻孔、扩孔、铰孔、攻螺纹及修刮端面等多种形式的加工。按用途和结构分类，钻床可以分为立式钻床、台式钻床、多孔钻床、摇臂钻床及其他专用钻床等。在各类钻床中，摇臂钻床操作方便、灵活，适用范围广，特别适用于单件或批量生产带有多孔大型零件的孔加工，是一般机械加工车间常见的机床。

Z3050 型摇臂钻床是一种常见的立式钻床，适用于单件和成批加工多孔的大型零件。

该机床具有两套液压控制系统：一个是操纵机构液压系统；另一个是夹紧机构液压系统。前者安装在主轴箱内，用于实现主轴正反转、停车制动、空挡、预选及变速；后者安装在摇臂背后的电器盒下部，用于夹紧和松开主轴箱、摇臂及立柱。

Z3050 型摇臂钻床的含义如下。

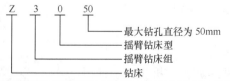

Z3050 型摇臂钻床的作用和型号

Z 3 0 50
最大钻孔直径为 50mm
摇臂钻床型
摇臂钻床组
钻床

【拓展阅读】钻床发展简史——点赞优秀中华文明

钻床作为工业生产中应用极为广泛的机床，在近现代工业中的地位非常重要。其实，早在公元前 4 000 年，中国古人就已发明出钻孔工具，发展了钻孔技术。接下来一起来了解钻床的发展简史。

（1）古代钻床——"弓辘轳"钻孔技术有着久远的历史。考古学家现已发现，公元前 4 000 年，人类就发明了打孔用的装置。古人在两根立柱上架个横梁，再从横梁上向下悬挂一个能够旋转的锥子，然后用弓弦缠绕带动锥子旋转，这样就能在木头或石块上打孔了。不久，人们还设计出了称为"弓辘轳"的打孔用具，它也是利用有弹性的弓弦使得锥子旋转来打孔的，如图 2-1 所示。

图 2-1　古代钻床——"弓辘轳"

（2）到了 1850 年前后，德国人马蒂格诺尼最早制成了用于金属打孔的麻花钻；1862 年在英国伦敦召开的国际博览会上，英国人惠特沃斯展出了由动力驱动的铸铁柜架的钻床，这是近代钻床的雏形。

以后，各种钻床接连出现，由于工具材料和钻头的改进，大型高性能的钻床被广泛用于工业生产当中。

（一）Z3050 型摇臂钻床的主要构造和运动情况

摇臂钻床主要由底座、内立柱、外立柱、摇臂、主轴箱、主轴、工作台、主轴电动机、升降电动机、升降丝杠等组成。Z3050 型摇臂钻床外形如图 2-2 所示。内立柱固定在底座上，在它外面套着空心的外立柱，外立柱可绕着内立柱回转一周，摇臂一端的套筒部分与外立柱滑动配合，借助于升降丝杠，摇臂可沿着外立柱上下移动，但因为两者不能做相对转动，所以摇臂将与外立柱一起相对内立柱回转。

主轴箱是一个复合的部件，具有主轴及主轴旋转部件和主轴进给的全部变速和操纵机构。主轴箱可沿着摇臂上的水平导轨做径向移动。当进行加工时，可利用特殊的夹紧机构将外立柱紧固在内立柱

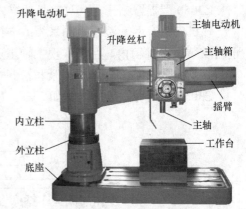

图 2-2　Z3050 型摇臂钻床外形

Z3050型摇臂钻床
的组成

上，摇臂紧固在外立柱上，主轴箱紧固在摇臂导轨上，然后进行钻削加工。

根据工件高度的不同，摇臂借助于升降丝杠可以靠着主轴箱沿外立柱上下升降，在升降之前，应自动将摇臂与外立柱松开，再进行升降，当达到升降需要的位置时，摇臂能自动夹紧在外立柱上。

（二）摇臂钻床的电力拖动特点及控制要求

（1）由于摇臂钻床的运动部件较多，为简化传动装置，使用多电动机拖动，主电动机承担主钻削及进给任务，摇臂升降、夹紧放松和冷却泵各用一台电动机拖动。

（2）为了适应多种加工方式的要求，主轴及进给应在较大范围内调速。但这些调速都是机械调速，用手柄操作变速箱调速，对电动机无任何调速要求。从结构上看，主轴变速机构与进给变速机构应该放在一个变速箱内，而且两种运动由一台电动机拖动是合理的。

（3）加工螺纹时要求主轴能正反转。摇臂钻床的正反转一般用机械方法实现，电动机只需单方向旋转。

（4）摇臂升降由单独电动机拖动，要求能实现正反转。

（5）摇臂的夹紧与放松及立柱的夹紧与放松由一台异步电动机配合液压装置来完成，要求这台电动机能正反转。摇臂的回转和主轴箱的径向移动在中小型摇臂钻床上都采用手动实现。

（6）钻削加工时，为对刀具及工件进行冷却，需由一台冷却泵电动机拖动冷却泵输送冷却液。

因为钻床有时用来攻螺纹，所以要求主轴有可以正反转的摩擦离合器来实现正反转运动，Z3050型摇臂钻床是靠机械转换实现正反转运动的。Z3050型摇臂钻床的运动有以下几种。

① 主运动：主轴带动钻头的旋转运动。

② 进给运动：钻头的上下移动。

③ 辅助运动：主轴箱沿摇臂水平移动，摇臂沿外立柱上下移动和摇臂连同外立柱一起相对于内立柱回转运动。

以上介绍了摇臂钻床运动形式与机床电力拖动控制要求，接下来我们还要了解电气控制电路及故障排除方法。要达到这一目的，我们首先需要学习行程开关、低压断路器、时间继电器等与摇臂钻床电气控制相关的知识。

二、低压电器相关知识

（一）行程开关

1. 行程开关的种类

行程开关又称为限位开关，其作用是将机械位移转变为触点的动作信号，以控制机械设备的运动，在机电设备的行程控制中有很大作用。行程开关的工作原理与控制按钮相似，不同之处在于行程开关利用机械运动部分的碰撞而使其动作，按钮则是通过人力使其动作的。行程开关主要用于机床、自动生产线和其他机械的限位及程序控制。为了适用于不同的工作环境，可以将行程开关做成各种各样的外形，如图 2-3 所示。

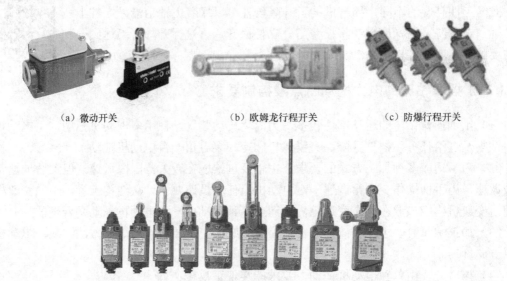

（a）微动开关　　　　　　（b）欧姆龙行程开关　　　　　（c）防爆行程开关

（d）其他类型的行程开关

图 2-3　行程开关

行程开关中还有一种无机械触点的接近开关，它的功能是当物体距开关一定的距离时，发出"动作"信号，不需要机械式行程开关必须施加的机械外力。接近开关当作行程开关使用，还广泛应用于产品计数、测速、液面控制、金属检测等设备中。由于接近开关具有体积小、可靠性高、使用寿命长、动作速度快及无机械磨损、电气磨损等优点，因此在设备自动控制系统中也获得了广泛应用。

当接通电源后，接近开关内的振荡器开始振荡，检测电路输出低电位，使输出晶体管或晶闸管截止，负载不动作；当移动的金属片到达开关感应面动作距离以内时，在金属内产生涡流，振荡器的能量被金属片吸收，振荡器停振，检测电路输出高电位，此高电位使输出电路导通，接通负载工作。图 2-4 所示为各种类型接近开关的外形。

（a）电感式接近开关　　（b）高温接近开关　　（c）其他类型的接近开关

图 2-4　接近开关

2. 行程开关的基本结构及工作方式

（1）行程开关的外形结构。行程开关的种类很多，但基本结构相同，都是由触点系统、操作机构和外壳组成的。常见的有直动式和滚轮式两种。

JLXK1-111 型行程开关的结构和动作原理如图 2-5 所示。当运动部件的挡铁碰压行程开关的滚轮时，杠杆连同转轴一起转动，使凸轮推动撞块，当撞块被压到一定位置时，推动微动开关快速动作，使其常闭触点断开，常开触点闭合。

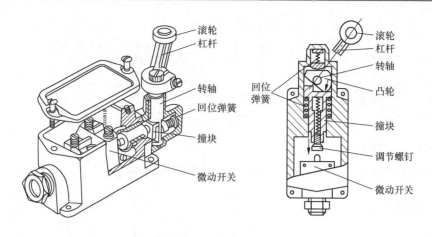

（a）结构　　　　　　　　　　　（b）动作原理

图 2-5　JLXK1-111 型行程开关的结构和动作原理

（2）行程开关的触点动作方式。行程开关的触点动作方式有蠕动型和瞬动型两种。蠕动型的触点结构与按钮相似，其特点是结构简单，价格便宜，触点的分合速度取决于生产机械挡铁的移动速度。当挡铁的移动速度小于 0.47 m/min 时，触点分合太慢，易产生电弧灼烧触点，从而减少触点的使用寿命，也影响动作的可靠性及行程控制的位置精度。为克服这些缺点，行程开关一般都采用具有快速换接动作机构的瞬动型触点。瞬动型行程开关的触点动作速度与挡铁的移动速度无关，性能显然优于蠕动型。

LX19K 型行程开关即瞬动型，其工作原理如图 2-6 所示。当运动部件的挡铁碰压顶杆时，顶杆向下移动，压缩触点弹簧使之储存一定的能量。当顶杆移动到一定位置时，弹簧的弹力方向发生改变，同时储存的能量得以释放，完成跳跃式快速换接动作。当挡铁离开顶杆时，顶杆在弹簧的作用下上移，上移到一定位置，接触板瞬时进行快速换接，触点迅速恢复到原状态。

（3）行程开关的复位方式。行程开关动作后，复位方式有自动复位和非自动复位两种。图 2-7（a）、图 2-7（b）所示的直动式和单滚轮旋转式均为自动复位式。但有的行程开关动作后不能自动复位，例如图 2-7（c）所示的双滚轮旋转式行程开关，只有运动机械反向移动，挡铁从相反方向碰压另一个滚轮时，触点才能复位。

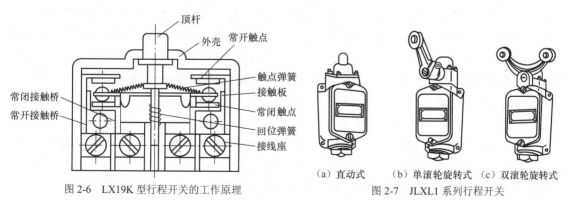

图 2-6　LX19K 型行程开关的工作原理

（a）直动式　（b）单滚轮旋转式　（c）双滚轮旋转式

图 2-7　JLXL1 系列行程开关

3. 行程开关的型号

常用的行程开关有 LX19 和 JLXL1 等系列，其型号及含义如下。

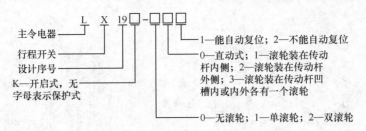

主令电器 —— L
行程开关 —— X
设计序号 —— 19
K—开启式，无
字母表示保护式

1—能自动复位；2—不能自动复位
0—直动式；1—滚轮装在传动
杆内侧；2—滚轮装在传动杆
外侧；3—滚轮装在传动杆凹
槽内或内外各有一个滚轮
0—无滚轮；1—单滚轮；2—双滚轮

4. 行程开关的符号

行程开关在电路中的图形符号与文字符号如图2-8所示。

（二）低压断路器

低压断路器即低压自动空气开关，又称自动空气断路器，可实现电路的短路、过载、失电压与欠电压保护，能自动分断故障电路，是低压配电网络和电力拖动系统中常用的重要保护电器之一。

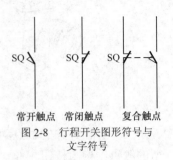

图2-8　行程开关图形符号与文字符号

低压断路器具有操作安全、工作可靠、动作值可调、分断能力较强等优点，因此得到广泛应用。

1. 结构及工作原理

塑料外壳式低压断路器也称为装置式自动空气式断路器。它把所有的部件都装在一个塑料外壳里，结构紧凑，安全可靠，轻巧美观，可以独立安装。它的形式很多，最常用的是DZ10型、DZX10型和DZ20型等。在电气控制电路中，主要采用的是DZ10型和DZ5型低压断路器。

（1）DZ5-20型低压断路器。DZ5-20型低压断路器为小电流系列，其外形和结构如图2-9所示。断路器主要由动触点、静触点、按钮、热脱扣器、电磁脱扣器及外壳等部分组成。其结构采用立体布置，操作机构在中间，下面是由加热元件和双金属片等构成的热脱扣器，用于过载保护。热脱扣器还配有电流调节装置，可以调节整定电流。上面是由线圈和铁芯等组成的电磁脱扣器，作短路保护，它也有一个电流调节装置，调节瞬时脱扣整定电流。主触点在操作机构后面，由动触点和静触点组成，配有栅片灭弧装置，用以接通和分断主回路的大电流。另外，还有常开辅助触点、常闭辅助触点各一对。常开触点、常闭触点指的是在电器没有外力作用、没有带电时触点的自然状态。当接触器未工作或线圈未通电时，处于断开状态的触点称为常开触点（有时称动合触点），处于接通状态的触点称为常闭触点（有时称动断触点）。辅助触点可作为信号指示或控制电路用。主触点、辅助触点的接线柱均伸出壳外，以便于接线。在外壳顶部还伸出接通按钮（绿色）和分断（红色）按钮，通过储能弹簧和杠杆机构实现断路器的手动接通和分断操作。

低压断路器的工作原理如图2-10所示。使用时，断路器的3副主触点串联在被控制的三相电路中，按下接通按钮时，外力使锁扣克服反作用弹簧的反力，将固定在锁扣上面的动触点与静触点闭合，并由锁扣锁住搭钩使动、静触点保持闭合，开关处于接通状态。

当线路发生过载时，过载电流流过热元件产生一定的热量，使双金属片受热向上弯曲，通过杠杆推动搭钩与锁扣脱开，在反作用弹簧的推动下，动、静触点分开，从而切断电路，使用电设备不致因过载而烧毁。

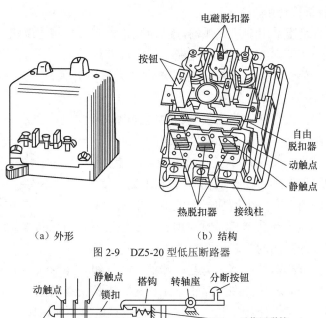

（a）外形　　　　　　　　（b）结构

图 2-9　DZ5-20 型低压断路器

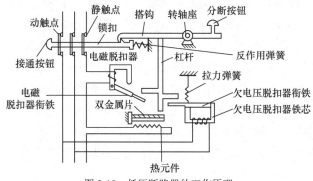

图 2-10　低压断路器的工作原理

当线路发生短路故障时，短路电流超过电磁脱扣器的瞬时脱扣整定电流，电磁脱扣器产生足够大的吸力将衔铁吸合，通过杠杆推动搭钩与锁扣分开，从而切断电路，实现短路保护。低压断路器出厂时，电磁脱扣器的瞬时脱扣整定电流一般整定为 $10I_N$（I_N 为断路器的额定电流）。

欠电压脱扣器的动作过程与电磁脱扣器恰好相反。需手动分断电路时，按下分断按钮即可。

（2）DZ10 型低压断路器。DZ10 系列为大电流系列，其额定电流的等级有 100 A、250 A、600 A 这 3 种，分断能力为 7～50 kA。在机床电气系统中常用 250 A 以下的等级作为电气控制柜的电源总开关。通常将其装在控制柜内，将操作手柄伸在外面，露出"分"与"合"的字样。

DZ10 型低压断路器可根据需要装设热脱扣器（用双金属片作过负荷保护）、电磁脱扣器（只作短路保护）和复式脱扣器（可同时实现过负荷保护和短路保护）。

DZ10 型低压断路器的操作手柄有以下 3 个位置。

① 合闸位置。手柄向上扳，搭钩被锁扣扣住，主触点闭合。

② 自由脱扣位置。搭钩被释放（脱扣），手柄自动移至中间，主触点断开。

③ 分闸和再扣位置。手柄向下扳，主触点断开，使搭钩又被锁扣扣住，从而完成了"再扣"的动作，为下一次合闸做好了准备。如果断路器自动跳闸后，不把手柄扳到再扣位置（即

分闸位置），就不能直接合闸。

DZ10 型低压断路器采用钢片灭弧栅，因为脱扣机构的脱扣速度快，灭弧时间短，一般断路时间不超过一个周期（0.02 s），断流能力就比较大。

（3）漏电保护断路器。漏电保护断路器通常称为漏电开关，是一种安全保护电器，在线路或设备出现对地漏电或人身触电时，迅速自动断开电路，能有效保证人身和线路的安全。电磁式电流动作型漏电保护断路器工作原理如图 2-11 所示。

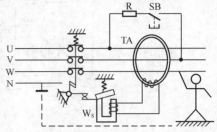

图 2-11 电磁式电流动作型漏电保护断路器工作原理

漏电保护断路器主要由零序电流互感器 TA、漏电脱扣器 WS、试验按钮 SB、操作机构和外壳组成。实质上就是在一般的自动开关中增加一个能检测电流的感受元件，即零序电流互感器和漏电脱扣器。零序电流互感器是一个环形封闭的铁芯。主电路的三相电源线均穿过零序电流互感器的铁芯，为互感器的一次绕组。环形铁芯上绕有二次绕组，其输出端与漏电脱扣器的线圈相接。在电路正常工作时，无论三相负载电流是否平衡，通过零序电流互感器一次侧的三相电流相量和为零，二次侧没有电流。当出现设备漏电和人身触电时，漏电或触电电流将经过大地流回电源的中性点，因此零序电流互感器一次侧三相电流的相量和就不为零，互感器的二次侧将感应出电流，该感应电流使漏电脱扣器的铁芯和衔铁吸合，通过传动部分主触点分断，从而切断主电路，保障设备和人身安全。

为了经常检测漏电开关的可靠性，开关上设有试验按钮，试验按钮与一个限流电阻 R 串联后跨接于两相线路上。当按下试验按钮 SB 后，漏电断路器立即分闸，证明该开关的保护功能良好。

2. 型号

低压断路器的型号如下。

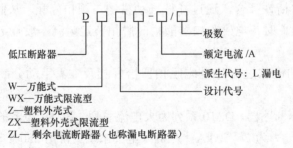

3. 符号

低压断路器在电路图中的符号如图 2-12 所示。

4. 选择

选择低压断路器时主要从以下几方面考虑。

（1）断路器额定电压、额定电流应大于或等于线路、设备的正常工作电压、工作电流。

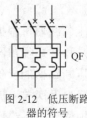

图 2-12 低压断路器的符号

行程开关、低压断路器工作原理

（2）断路器极限通断能力大于或等于线路最大短路电流。

（3）欠电压脱扣器额定电压等于线路额定电压。

（4）过电流脱扣器的额定电流应大于或等于线路的最大负载电流。

低压断路器按结构形式可分为框架式（又称万能式）、塑壳式（又称装置式）两大类。框架式断路器主要用作配电网络的保护开关，而塑壳式断路器除用作配电网络的保护开关外，还用作电动机、照明线路的控制开关。

（三）时间继电器

时间继电器是一种利用电磁原理或机械原理实现触点延时接通和断开的自动控制电器。它广泛用于需要按时间顺序进行控制的电气控制线路中，按照原理分类有电磁式、电动式、电子式、空气阻尼式。

电磁式时间继电器结构简单，价格低廉，但体积和质量较大，延时较短，它利用电磁阻尼来产生延时，只能用于直流断电延时，主要用在配电系统中。电动式时间继电器延时精度高，延时可调范围大，但结构复杂，价格贵。电子式时间继电器结构简单，延时范围广，精度高，消耗功率小，调整方便且寿命长。空气阻尼式时间继电器又称为空气囊时间继电器，延时范围较大（0.4～180s），不受电压和频率波动的影响。其优点是结构简单，寿命长，价格低；缺点是延时误差大，精确整定难，延时值易受周围环境温度、尘埃等的影响，对延时精度要求较高的场合不宜采用。

时间继电器的外形如图2-13所示。

（a）空气阻尼式时间继电器　　　　　　　　（b）电子式时间继电器

图2-13　时间继电器的外形

时间继电器是在线圈得电或断电后，触点要经过一定时间延迟后才动作或复位，是实现触点延时接通和断开电路的自动控制电器。时间继电器分为通电延时和断电延时两种：电磁线圈通电后，触点延时通断的为通电延时型；线圈断电后，触点延时通断的为断电延时型。在此以空气阻尼式时间继电器为例讲述时间继电器的结构及工作原理、型号、符号等。

1. 空气阻尼式时间继电器的结构及工作原理

空气阻尼式时间继电器主要由电磁系统、工作触点、气室和传动机构等组成，其外形和结构如图2-14所示。电磁系统由电磁线圈、铁芯、衔铁、反力弹簧和弹簧片组成。工作触点由两对瞬时触点（一对常开与一对常闭）和两对延时触点（一对常开与一对常闭）组成。气室主要由橡皮膜、活塞杆组成。橡皮膜和活塞杆可随气室进气量移动，气室上面有一颗调节螺钉，可通过它调节气室进气速度的大小，从而调节延时的长短。传动机构由杠杆、推杆、推板和宝塔形弹簧组成。

当电路通电后，电磁线圈的静铁芯产生磁场力，使衔铁克服反作用弹簧的弹力而吸合，与衔铁相连的推板向右运动，推动推杆压缩宝塔形弹簧，使气室内橡皮膜和活塞杆缓慢向右运动，通过弹簧片使瞬时触点动作的同时，通过杠杆使延时触点延时动作。

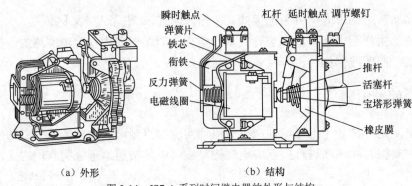

（a）外形 （b）结构

图 2-14 JS7-A 系列时间继电器的外形与结构

2. 符号

时间继电器在电路图中的符号如图 2-15 所示。

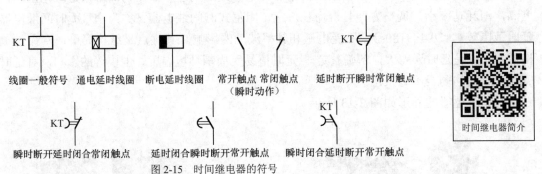

图 2-15 时间继电器的符号

时间继电器简介

3. 型号

以 JS7 系列时间继电器为例，其型号如下。

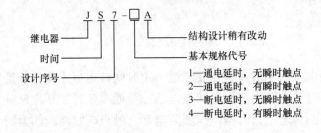

时间继电器工作原理

（四）中间继电器

中间继电器实质上是一个电压线圈继电器，用来增加控制电路中的信号数量或将信号放大。其输入信号是线圈的通电和断电，输出信号是触点的动作。它具有触点多、触点容量大、动作灵敏等特点。由于触点的数量较多，因此可用来控制多个元件或回路。

1. 工作原理及选择

中间继电器的结构及工作原理与接触器基本相同，但中间继电器的触点对数多，且没有主辅之分，各对触点允许通过的电流大小相同，多数为 5 A。因此，对于工作电流小于 5 A 的电气控制电路，可用中间继电器代替接触器实施控制。JZ7 系列为交流中间继电器，其结构如图 2-16（a）所示。

JZ7 系列中间继电器采用立体布置，由动铁芯、静铁芯、短路环、线圈、触点系统、反作用弹簧、回位弹簧和缓冲弹簧等组成。触点采用双断点桥式结构，上下两层各有 4 对触点，下层触点只能是常开触点，故触点系统可按 8 常开触点，6 常开触点、2 常闭触点，4 常开触点、4 常闭触点组合。中间继电器线圈额定电压有 12 V、36 V、110 V、220 V、380 V 等。

JZ14 系列中间继电器有交流操作和直流操作两种，该系列继电器带有透明外罩，可防止尘埃进入内部而影响工作的可靠性。

中间继电器主要根据被控制电路的电压等级、所需触点的数量、种类和容量等来选用。

2. 型号

中间继电器的型号如下。

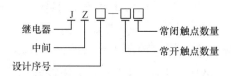

3. 符号

中间继电器在电路图中的符号如图 2-16（b）所示。

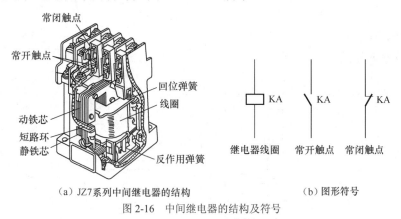

（a）JZ7系列中间继电器的结构　　　　　（b）图形符号

图 2-16　中间继电器的结构及符号

三、电气控制电路相关知识

（一）工作台自动往返电气控制

1. 工作任务

某机床工作台需自动往返运行，由三相异步电动机拖动，工作台运动方向如图 2-17 所示，其控制要求如下。

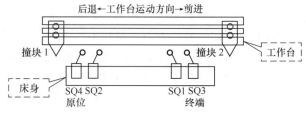

图 2-17　工作台运动方向

（1）按下启动按钮，工作台开始前进，前进到终端后自动后退，退到原位又自动前进。

（2）要求能在前进或后退途中的任意位置停止或启动。

（3）控制电路设有短路、失电压、过载和位置极限保护。

请根据要求完成控制电路的设计与安装。

2. 限位控制装置

限位控制装置如图 2-17 所示。图中的 SQ 为行程开关，装在预定的位置上，在工作台的 T 形槽中装有撞块，当撞块移动到此位置时，碰撞行程开关，使其常闭触点断开，常开触点闭合，能使工作台停止和换向，这样工作台就能实现往返运动。其中，撞块 2 只能碰撞 SQ2 和 SQ4，撞块 1 只能碰撞 SQ1 和 SQ3（撞块 1 和撞块 2 不在一条水平线上），工作台行程可通过移动撞块位置来调节，以适应不同工件的加工。

SQ1 和 SQ2 装在机床床身上，用来控制工作台的自动往返。SQ3 和 SQ4 分别安装在向右或向左的某个极限位置上。SQ1 或 SQ2 失灵时，工作台会继续向右或向左运动，当工作台运行到极限位置时，撞块就会碰撞 SQ3 和 SQ4，从而切断控制电路，迫使电动机 M 停转，工作台就停止移动。SQ3 和 SQ4 起到终端保护作用（即限制工作台的极限位置），因此称为终端保护开关，简称终端开关。

3. 设计电路原理图

设计电路原理如图 2-18 所示。

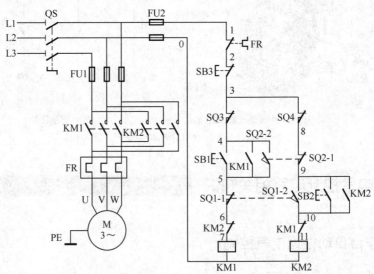

图 2-18　设计电路原理

4. 工作原理分析

先合上开关 QS，按下按钮 SB1，KM1 线圈得电，KM1 自锁触点闭合自锁，KM1 主触点闭合，同时 KM1 联锁触点分断，对 KM2 联锁，电动机 M 启动连续正转，工作台向右运动，移至限定位置时，撞块 1 碰撞行程开关 SQ1，SQ1-1 常闭触点先分断，KM1 线圈失电，KM1 自锁触点分断，解除自锁，KM1 主触点分断，KM1 联锁触点恢复闭合，解除联锁，电动机 M 失电停转，工作台停止右移，同时 SQ1-2 常开触点闭合，使 KM2 自锁触点闭合自锁，KM2 主触点闭合，同时 KM2 联锁触点分断，对 KM1 联锁，电动机 M 启动连续反转，工作台左移（SQ1 触点复位），移至限定位置时，撞块 2 碰撞位置开关 SQ2，SQ2-1 常闭触点先分

断，KM2 线圈失电，KM2 自锁触点分断，解除自锁，KM2 主触点分断，KM2 联锁触点恢复闭合，解除联锁，电动机 M 失电停转，工作台停止左移，同时 SQ2-2 常开触点闭合，使 KM1 自锁触点闭合自锁，KM1 主触点闭合，同时 KM1 联锁触点分断，对 KM2 联锁。电动机 M 启动连续正转，工作台向右运动，以此循环动作，使机床工作台实现自动往返动作。

工作台自动往返
电气控制

（二）工作台自动往返两边延时电气控制

1. 两地停留时间相同

一些饲料自动加工厂，需要实现两地之间的装料与卸料，将装袋的饲料从 A 地运输到 B 地存储，装载与卸载需要相同的时间（5 s），现设计一个自动往返两边延时控制电路原理图。

图 2-19 所示为用 2 个时间继电器来实现自动往返两边延时的电路。该电路的设计思路是在自动往返控制电路的基础上增加对时间的控制，在电路中使用时间继电器 KT1、KT2，在 A、B 两地使用 SQ1、SQ2 常开触点来控制时间继电器的接通与断开，实现两行程终点的延时。

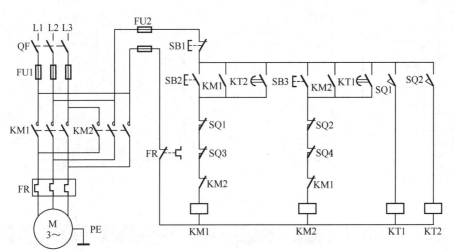

图 2-19　自动往返控制原理（一）

图 2-20 所示为用一个时间继电器和一个中间继电器来实现自动往返两边延时的电路，中间继电器 KA 在电路中起到失电压保护作用。如果没有中间继电器 KA，当送料小车运行到 A 或 B 点时，小车会压合行程开关 SQ1 或 SQ2，电路突然停电，线路再次送电时，送料小车会因行程开关 SQ1 或 SQ2 被压而使常开触点闭合，接触器 KM1 或 KM2 线圈得电，电动机就会自行启动而造成事故。SQ1 和 SQ2 在线路中经常被小车碰压，是工作行程开关；SQ3 和 SQ4 是小车在两终点的限位保护开关，防止 SQ1 和 SQ2 失灵后小车冲出预定的轨迹而出事故。SB2 和 SB3 的常闭触点在电路中起到联锁保护作用，如果没有它们的常闭触点，那么需要增加时间继电器的一对延时常开触点来控制，而时间继电器只有一对常开触点。

2. 两地停留时间不同

如果本案例控制的两行程终点停留时间不相同，就需要在图 2-20 电路中增加一个时间继电器来实现两行程终点停留的不同时间，其电气原理如图 2-21 所示。

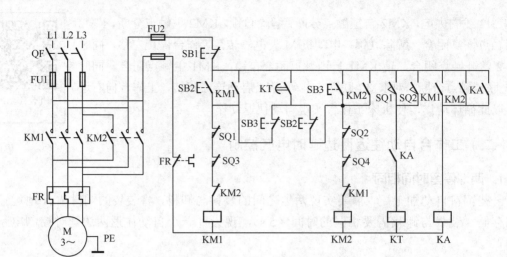

图 2-20 自动往返控制原理（二）

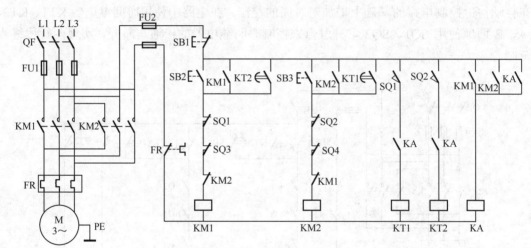

图 2-21 自动往返控制原理（三）

 四、应用举例

（一）电动机顺序控制电路

一般机床是由多台电动机来实现机床的机械拖动与辅助运动控制的，用于满足机床的特殊控制要求，在启动与停车时需要电动机按一定的顺序来操作。

1. 先启后停控制电路

对于某处机床，要求在加工前先给机床提供液压油，润滑机床床身导轨，或是提供机械运动的液压动力，这就要求先启动液压泵后，才能启动机床的工作台拖动电动机或主轴电动机。当机床停止时，要求先停止拖动电动机或主轴电动机，才能让液压泵停止。电动机先启后停控制原理如图 2-22 所示。

电动机顺序控制

2. 先启先停控制电路

在有的特殊控制中，要求先启动 A 电动机后，才能启动 B 电动机，A 电动机停止后，B

电动机才能停止。电动机先启先停控制原理如图 2-23 所示。

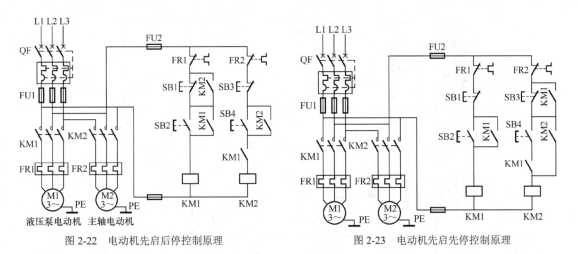

图 2-22　电动机先启后停控制原理　　　　图 2-23　电动机先启先停控制原理

（二）饲料加工厂搅拌混合料控制电路

在饲料加工厂搅拌混合料时，按下启动按钮，先将各种配料通过皮带机送入混合罐中 3 s 后，皮带拖动电动机停止，搅拌电动机启动，搅拌饲料 20 s 后停止。饲料加工厂搅拌混合料控制原理如图 2-24 所示。

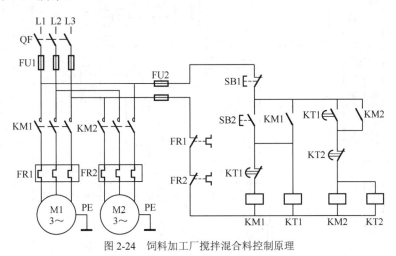

图 2-24　饲料加工厂搅拌混合料控制原理

（三）Z3050 型摇臂钻床电气控制电路分析及故障排除

图 2-25 所示为 Z3050 型摇臂钻床的电气控制电路的主电路和控制电路原理。

1. 主电路分析

Z3050 型摇臂钻床共有 4 台电动机，除冷却泵电动机采用开关直接启动外，其余 3 台异步电动机均采用接触器直接启动。

M1 是主轴电动机，由交流接触器 KM1 控制，只要求单方向旋转，主轴的正反转由机械手柄操作。M1 装在主轴箱顶部，带动主轴及进给传动系统，热继电器 FR1 是过载保护元件。

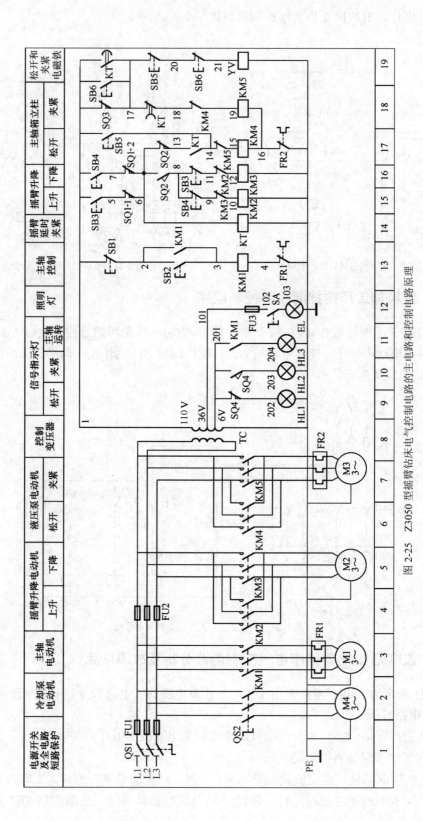

图 2-25 Z3050 型摇臂钻床电气控制电路的主电路和控制电路原理

M2 是摇臂升降电动机，装于主轴顶部，用接触器 KM2 和 KM3 控制正反转。该电动机短时间工作，故不设过载保护元件。

M3 是液压泵电动机，可以做正向转动和反向转动。正向转动和反向转动的启动与停止由接触器 KM4 和 KM5 控制。热继电器 FR2 是液压泵电动机的过载保护元件。该电动机的主要作用是供给夹紧装置压力油、实现摇臂和立柱的夹紧与松开。

M4 是冷却泵电动机，功率很小，由开关 QS2 直接启动和停止。

2. 控制电路分析

（1）主轴电动机 M1 的控制。按下启动按钮 SB2，接触器 KM1 吸合并自锁，使主轴电动机 M1 启动运行，同时指示灯 HL3 亮。按停止按钮 SB1，接触器 KM1 释放，使主轴电动机 M1 停止旋转，同时指示灯 HL3 熄灭。

（2）摇臂升降控制。

① 摇臂上升。Z3050 型摇臂钻床摇臂的升降由电动机 M2 拖动，SB3 和 SB4 分别为摇臂升、降的点动按钮，由 SB3、SB4 和 KM2、KM3 组成具有双重互锁的 M2 正反转点动控制电路。因为摇臂平时是夹紧在外立柱上的，所以在摇臂升降之前，先要把摇臂松开，再由 M2 驱动升降，摇臂升降到位后，再重新将其夹紧。而摇臂的松、紧是由液压系统控制的。在电磁阀 YV 线圈通电吸合的条件下，液压泵电动机 M3 正转，正向供出压力油进入摇臂的松开油腔，推动松开机构使摇臂松开，摇臂松开后，行程开关 SQ2 动作、SQ3 复位；若 M3 反转，则反向供出压力油进入摇臂的夹紧油腔，推动夹紧机构使摇臂夹紧，摇臂夹紧后，行程开关 SQ3 动作、SQ2 复位。由此可见，摇臂升降的电气控制是通过和松紧机构液压与机械系统（M3 与 YV）的控制配合进行的。下面以摇臂的上升为例，分析控制的全过程。

按住摇臂上升按钮 SB3→SB3 常闭触点断开，切断 KM3 线圈支路；SB3 常开触点闭合（1—5）→时间继电器 KT 线圈通电→KT 常开触点闭合（13—14），KM4 线圈通电，电动机 M3 正转；KT 延时常开触点（1—17）闭合，电磁阀线圈 YV 通电，摇臂松开→行程开关 SQ2 动作→SQ2 常闭触点（6—13）断开，KM4 线圈断电，电动机 M3 停转；SQ2 常开触点（6—8）闭合，KM2 线圈通电，电动机 M2 正转，摇臂上升→摇臂上升到位后松开 SB3→KM2 线圈断电，电动机 M2 停转；KT 线圈断电→延时 1～3 s，KT 延时常开触点（1—17）断开，YV 线圈通过 SQ3（1—17）仍然通电；KT 常闭触点（17—18）延时 1～3s 闭合，KM5 线圈通电，电动机 M3 反转，摇臂夹紧→摇臂夹紧后，压下行程开关 SQ3，SQ3 常闭触点（1—17）断开，YV 线圈断电；KM5 线圈断电，M3 停转。

② 摇臂下降。摇臂的下降由 SB4 控制 KM3 使 M2 反转来实现，其过程可自行分析。时间继电器 KT 的作用是在摇臂升降到位、电动机 M2 停转后，延时 1～3 s 再启动电动机 M3，将摇臂夹紧，其延时时间视从电动机 M2 停转到摇臂静止的时间长短而定。KT 为断电延时类型，在进行电路分析时应注意。

如上所述，摇臂松开由行程开关 SQ2 发出信号来控制，而摇臂夹紧后由行程开关 SQ3 发出信号来控制。

如果夹紧机构的液压系统出现故障，摇臂夹不紧，或者因 SQ3 的位置安装不当，在摇臂已夹紧后 SQ3 仍不能动作，则 SQ3 的常闭触点（1—17）长时间不能断开，使液压泵电动机 M3 出现长期过载，因此电动机 M3 须由热继电器 FR2 进行过载保护。

摇臂升降的限位保护由行程开关 SQ1 实现，SQ1 有两对常闭触点：SQ1-1（5—6）实现上限位保护，SQ1-2（7—6）实现下限位保护。

（3）主轴箱和立柱的松、紧控制。主轴箱和立柱的松、紧是同时进行的，SB5 和 SB6 分别为松开与夹紧控制按钮，由它们点动控制 KM4、KM5→控制 M3 的正、反转，由于 SB5 和 SB6 的常闭触点（17—20—21）串联在 YV 线圈支路中。所以在操作 SB5、SB6 和使 M3 点动的过程中，电磁阀 YV 线圈不吸合，液压泵供出的压力油进入主轴箱和立柱的松开、夹紧油腔，推动松、紧机构实现主轴箱和立柱的松开、夹紧。同时，由行程开关 SQ4 控制指示灯发出信号：主轴箱和立柱夹紧时，SQ4 的常闭触点（201—202）断开而常开触点（201—203）闭合，指示灯 HL1 灭，HL2 亮；反之，在松开时，SQ4 复位，HL1 亮而 HL2 灭。

3．Z3050 型摇臂钻床常见故障分析与处理方法

电气控制电路在运行中会发生各种故障，造成停机或事故而影响生产。因而，学会分析电气控制电路故障所在、找出发生故障的原因、掌握迅速排除故障的方法是非常必要的。

一般工业用设备由机械、电气两大部分组成，因而，其故障也多发生在这两个部分，尤其是电气部分，如电机绕组与电气线圈的烧毁、电气元件的绝缘击穿与短路等。然而，大多数电气控制电路故障是由于电气元件调整不当、动作失灵或零件损坏引起的。因此，应加强电气控制电路的维护与检修，及时排除故障，确保其安全运行。Z3050 型摇臂钻床常见故障分析与处理方法如下。

（1）摇臂不能上升（或下降）。

【故障分析】

① 行程开关 SQ2 不动作，SQ2 的常开触点（6—8）不闭合，SQ2 安装位置移动或损坏。

② 接触器 KM2 线圈不吸合，摇臂升降电动机 M2 不转动。

③ 系统发生故障（如液压泵卡死、不转，油路堵塞等），使摇臂不能完全松开，SQ2 无法闭合。

④ 安装或大修后，相序接反，按 SB3 摇臂上升按钮，液压泵电动机反转，使摇臂夹紧，SQ2 不闭合，摇臂也就不能上升或下降。

【故障排除方法】

① 检查行程开关 SQ2 触点、安装位置或损坏情况，并予以修复。

② 检查接触器 KM2 或摇臂升降电动机 M2，并予以修复。

③ 检查系统故障原因、位置移动或损坏，并予以修复。

④ 检查相序，并予以修复。

（2）摇臂上升（下降）到预定位置后，摇臂不能夹紧。

【故障分析】

① 行程开关 SQ3 安装位置不准确或紧固螺钉松动，使 SQ3 行程开关过早动作。

② 活塞杆无法通过弹簧片使 SQ3 闭合，其常闭触点（1—17）未断开，使 KM5、YV 不断电释放。

③ 接触器 KM5、电磁铁 YV 不动作，电动机 M3 不反转。

【故障排除方法】

① 调整 SQ3 的动作行程，并紧固好定位螺钉。

② 调整活塞杆、弹簧片的位置。

③ 检查接触器 KM3、电磁铁 YV 线路是否正常及电动机 M3 是否完好，并予以修复。

（3）立柱、主轴箱不能夹紧（或松开）。

【故障分析】

① 按钮接线脱落、接触器 KM4 或 KM5 接触不良。

② 油路堵塞，使接触器 KM4 或 KM5 不能吸合。

【故障排除方法】

① 检查按钮 SB5、SB6 和接触器 KM4、KM5 是否良好，并予以修复或更换。

② 检查油路堵塞情况，并予以修复。

（4）按 SB6 按钮，立柱、主轴箱能夹紧，但放开按钮后，立柱、主轴箱却松开。

【故障分析】

① 菱形块或承压块的角度方向错位，或者距离不适合。

② 菱形块立不起来，这是夹紧力调得太大或夹紧液压系统压力不够所致。

【故障排除方法】

① 调整菱形块或承压块的角度与距离。

② 调整夹紧力或液压系统压力。

（5）摇臂上升或下降行程开关失灵。

【故障分析】

① 行程开关触点不能因开关动作而闭合或接触不良，线路断开后，信号不能传递。

② 行程开关损坏、不动作或触点粘连，使线路始终呈接通状态（在此情况下，当摇臂上升或下降到极限位置后，摇臂升降电动机堵转，发热严重，会导致电动机绝缘损坏）。

【故障排除方法】

检查行程开关接触情况，并予以修复或更换。

（6）主轴电动机刚启动运转，熔断器就熔断。

【故障分析】

① 机械机构卡住或钻头被铁屑卡住。

② 负荷太重或进给量太大，使电动机堵转造成主轴电动机电流剧增，热继电器来不及动作。

③ 电动机故障或损坏。

【故障排除方法】

① 检查卡住原因，并予以修复。

② 退出主轴，根据空载情况找出原因，并予以调整与处理。

③ 检查电动机故障原因，并予以修复或更换。

【拓展阅读】电气安全事故案例——违章作业不可行

　　某工厂检修班，王某带领张某检修 380V 电焊机，将维修好的电焊机进行通电试验，效果良好，并将电焊机开关断开。王某安排张某拆除电焊机二次线，自己则拆除一次线。王某蹲着身子拆除电焊机电源线中间接头，在拆完一相后，拆除第二相的过程中意外触电，经抢救无效死亡。

　　原因分析如下。

　　（1）王某已参加工作 10 余年，一直从事电气作业，并获得高级电工资格证书，在本

次作业中，王某安全意识淡薄，工作前未进行安全风险分析，在拆除电焊机电源线中间接头时，未检查确认电焊机电源是否已断开，在电源线带电又无绝缘防护的情况下作业导致触电。王某违章作业是此次事故的直接原因。

（2）张某为工作班成员，在工作中未有效进行安全监督提醒，未及时制止王某的违章作业行为，是此次事故的原因之一。

"安全第一"始终是电气操作中的首要准则，在进行电气操作时切记要遵守电气安全操作相关规程，坚决杜绝违章作业（见图 2-26）。

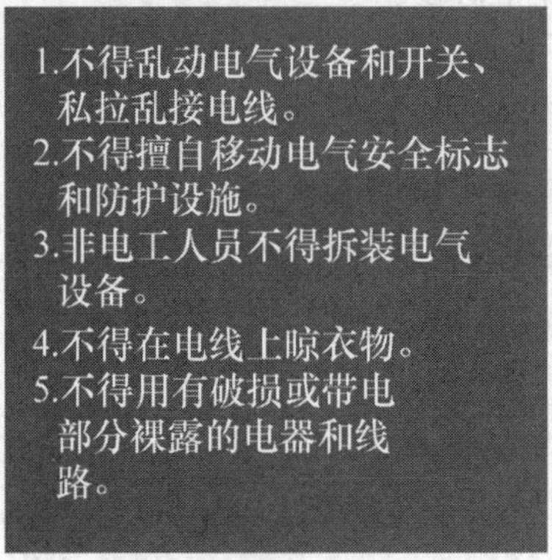

1. 不得乱动电气设备和开关、私拉乱接电线。
2. 不得擅自移动电气安全标志和防护设施。
3. 非电工人员不得拆装电气设备。
4. 不得在电线上晾衣物。
5. 不得用有破损或带电部分裸露的电器和线路。

图 2-26　现场用电"五不得"

五、实训操作及视频演示

（一）工作台自动往返电气控制电路的接线运行

1. 电气原理图

工作台自动往返控制电路的电气原理图如图 2-27 所示。根据电气原理图在网孔板上对电气元件进行布局，布置图如图 2-28 所示。

2. 系统电路接线

系统电路接线分为主电路接线和控制电路接线。

（1）主电路接线（与电动机正反转控制的接线运行中主电路接线一致，此处不再赘述）。

（2）控制电路接线。

① 从主电路中断路器 QS 的出线端引出 U1、V1 两相至熔断器 FU2 的进线端；

② 从熔断器 FU2 右位的出线端引出 1 号线接至热继电器 FR 常闭触点的进线端；

③ 从热继电器 FR 常闭触点的出线端引出 2 号线接至端子排 XT；

④ 从端子排 XT 上 2 号线对应的出线端引出接至常闭按钮 SB1 的进线端；

⑤ 从常闭按钮 SB1 的出线端引出 3 号线接至常开按钮 SB2 的进线端；

⑥ 从常开按钮 SB2 的出线端引出 4 号线接至行程开关 SQ1 常闭触点 SQ1-1 的进线端；

⑦ 从行程开关 SQ1 常闭触点 SQ1-1 的出线端引出 5 号线接至交流接触器 KM2 常闭触点的进线端；

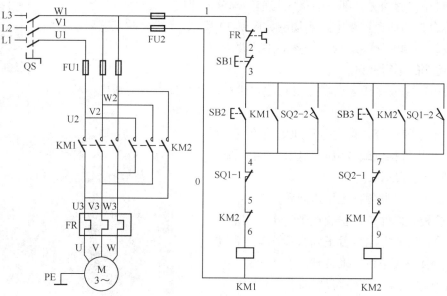

图 2-27 工作台自动往返控制电路电气原理图

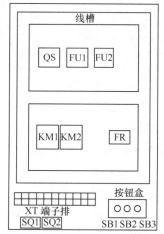

图 2-28 工作台自动往返控制电路元器件布置图

⑧ 从交流接触器 KM2 常闭触点的出线端引出 6 号线接至交流接触器 KM1 线圈的进线端；

⑨ 从交流接触器 KM1 线圈的出线端引出 0 号线接至熔断器 FU2 左位的出线端。

（3）自锁电路的接线。

① 从常开按钮 SB2 的进线端引出 3 号线接至端子排 XT，从端子排 XT 上 3 号线对应的出线端引出 3 号线接至交流接触器 KM1 辅助常开触点的进线端；

② 从交流接触器 KM1 辅助常开触点的出线端引出 4 号线接至端子排 XT，从端子排 XT 上 4 号线对应的出线端引出 4 号线接至常开按钮 SB2 的出线端。

（4）自动切换行程开关的接线。

从常闭按钮 SB1 的出线端引出 3 号线接至行程开关 SQ2 常开触点 SQ2-2 的进线端，从行程开关 SQ2 常开触点 SQ2-2 的出线端引出 4 号线接至行程开关 SQ1 常闭触点 SQ1-1 的进

线端。（自动往返的另一部分的接线与前一部分的相同，此处不再赘述）

工作台自动往返控制电路实物图如图 2-29 所示。（线路的工艺要求与电动机正反转控制的接线运行中线路的工艺要求一致）

3. 电路的运行调试

系统电路完成接线之后，需要对线路进行检查。检查分为通电前检查和通电后检查。

（1）通电前检查。首先进行通电前检查，用万用表的二极管挡位或者电阻挡位，应用观察法和电阻法等进行确认：

① 检查电气设备有无短路问题；

② 检查元器件是否安装正确、牢固可靠；

③ 检查线号标注是否正确合理，有无漏错；

④ 检查布线是否正确合理，有无漏错。

以上确认无误后，方可通电。

（2）电气控制电路的调试及通电后检查。对系统电路进行调试，正确操作电气设备控制电路，合上断路器 QS，按下正转启动按钮 SB2，KM1线圈得电，电动机 M 正转，压下行程开关 SQ1，电动机 M 停止正转，切换至反转，压下行程开关 SQ2，电动机 M 停止反转，切换至正转，再次压下行程开关 SQ1，电动机 M 停止正转，切换至反

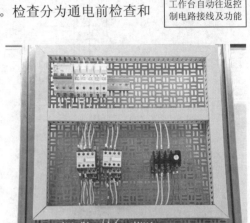

图 2-29　工作台自动往返控制电路实物图

转，再次压下行程开关 SQ2，电动机 M 停止反转，切换至正转，如此循环往复。按下停止按钮 SB1，电动机 M 停止转动。按下反转启动按钮 SB3，KM2 线圈得电，电动机 M 反转，压下行程开关 SQ2，电动机 M 停止反转，切换至正转，压下行程开关 SQ1，电动机 M 停止正转，切换至反转，如此循环往复。按下停止按钮 SB1，电动机 M 停止转动。检查控制动作与工作过程是否正常；如不正常，用万用表的交流电压 500V 挡位来检查，可以采用分段电压法和分阶电压法等测量，进行通电检查。

（二）工作台自动往返加延时电气控制电路的接线运行

1. 电气原理图

工作台自动往返加延时控制电路电气原理图如图 2-30 所示。根据原理图在网孔板上对电气元件进行布局，布置图如图 2-31 所示。

2. 系统电路接线

系统电路接线分为主电路接线和控制电路接线。

（1）主电路接线（与电动机正反转控制的接线运行中主电路接线一致，此处不再赘述）。

（2）控制电路接线。

控制电路的第一部分接线中，控制电动机正转部分的接线与工作台自动往返的控制电动机正转部分的接线是一致的，此处不再赘述。下面直接介绍时间继电器 KT2 的延时常开触点的接线。

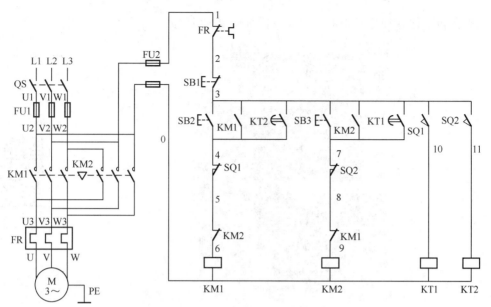

图 2-30　工作台自动往返加延时控制电路电气原理图

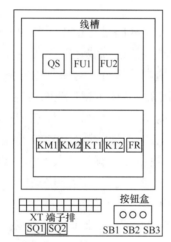

图 2-31　工作台自动往返加延时控制电气元件布置图

① 从交流接触器 KM1 辅助常开触点的进线端引出 3 号线接至通电延时时间继电器 KT2 的延时常开触点的进线端。

② 从 KT2 的延时常开触点的出线端引出 4 号线接至交流接触器 KM1 辅助常开触点的出线端。

（第二部分的接线与第一部分的相似，此处不再赘述）

第三部分接线：行程开关 SQ1 控制时间继电器 KT1 线路的接线。

① 从常闭按钮 SB1 的出线端引出 3 号线接至行程开关 SQ1 常开触点的进线端；

② 从行程开关 SQ1 常开触点的出线端引出 10 号线接至通电延时时间继电器 KT1 线圈的进线端；

③ 从通电延时时间继电器 KT1 线圈的出线端引出 0 号线接至交流接触器 KM2 线圈的出线端。

（第四部分的接线与第三部分的相似，此处不再赘述）

工作台自动往返加延时控制电路实物图如图 2-32 所示。

工作台自动往返加延时控制电路接线及功能

图 2-32　工作台自动往返加延时控制电路实物图

3. 电路的运行调试

系统电路完成接线之后，需要对线路进行检查，分为通电前检查和通电后检查。

（1）通电前检查与电动机点动控制的接线运行中通电前检查一致。

（2）电气控制电路的调试及通电后检查。对系统电路进行调试，正确操作电气设备控制电路，合上 QS，按下正转启动按钮 SB2，KM1 线圈得电，电动机 M 正转，压下行程开关 SQ1，通电延时时间继电器 KT1 得电，开始定时，当定时时间到，电动机 M 停止正转，切换至反转，压下行程开关 SQ2，通电延时时间继电器 KT2 得电，开始定时，当定时时间到，电动机 M 停止反转，切换至正转，再次压下行程开关 SQ1，延时一会，电动机 M 停止正转，切换至反转，再次压下行程开关 SQ2，延时一会，电动机停止反转，切换至正转，如此循环往复。按下停止按钮 SB1，电动机 M 停止转动。按下反转启动按钮 SB3，KM2 线圈得电，电动机 M 反转，压下行程开关 SQ2，通电延时时间继电器 KT2 得电，开始定时，当定时时间到，电动机 M 停止反转，切换至正转，压下行程开关 SQ1，通电延时时间继电器 KT1 得电，开始定时，当定时时间到，电动机 M 停止正转，切换至反转，如此循环往复。按下停止按钮 SB1，电动机 M 停止转动。检查控制动作与工作过程是否正常；如不正常，用万用表的交流电压 500V 挡位来检查，可以采用分段电压法和分阶电压法等测量，进行通电检查。

（三）电动机顺序控制电路的接线运行

1. 电气原理图

电动机顺序控制电路电气原理图如图 2-33 所示。根据原理图在网孔板上对电气元件进行布局，布置图如图 2-34 所示。

2. 系统电路接线

系统电路接线分为主电路接线和控制电路接线。

（1）主电路接线。

主电路接线分为电动机 M1 的主电路和电动机 M2 的主电路两部分，其接线的思路与方法与电动机单向启停主电路一致，此处不再赘述。

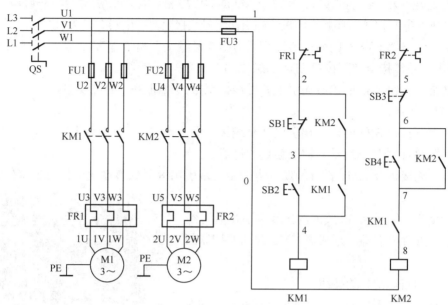

图 2-33　电动机顺序控制电路电气原理图

（2）控制电路接线。

① 控制电路第一部分的接线：电动机 M1 的启停控制及电动机 M1、M2 的逆序停止控制。

a．从主电路中断路器 QS 的 V、W 两相分别引出 V1、W1 号线接至熔断器 FU3 的进线端。

b．从熔断器 FU3 的右位出线端引出 1 号线接至热继电器 FR1 常闭触点的进线端。

c．从热继电器 FR1 常闭触点的出线端引出 2 号线接至端子排 XT，从端子排 XT 上 2 号线对应的出线端引出 2 号线接至常闭按钮 SB1 的进线端。

d．从常闭按钮 SB1 的出线端引出 3 号线接至常开按钮 SB2 的进线端。

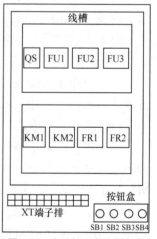

图 2-34　电动机顺序控制电路元器件布置图

e．从常开按钮 SB2 的出线端引出 4 号线接至端子排 XT，从端子排 XT 上 4 号线对应的出线端引出 4 号线接至交流接触器 KM1 线圈的进线端。

f．从交流接触器 KM1 线圈的出线端引出 0 号线接至熔断器 FU3 左位的出线端，形成 KM1 线圈的控制回路。

逆序停止电路的接线。

g．从常闭按钮 SB1 的进线端引出 2 号线接至端子排 XT，从端子排 XT 上 2 号线对应的出线端引出 2 号线接至交流接触器 KM2 辅助常开触点的进线端；从交流接触器 KM2 辅助常开触点的出线端引出 3 号线接至交流接触器 KM1 辅助常开触点的进线端。

KM1 线圈自锁部分的接线。

h．从交流接触器 KM1 辅助常开触点的出线端引出 4 号线接至交流接触器 KM1 线圈的进线端。

② 控制电路第二部分的接线：电动机 M2 的启停控制及电动机 M1、M2 的顺序启动控制。

a．从热继电器 FR1 常闭触点的进线端引出 1 号线接至热继电器 FR2 常闭触点的进线端。

b．从热继电器 FR2 常闭触点的出线端引出 5 号线接至端子排 XT，从端子排 XT 对应的出线端引出 5 号线接至常闭按钮 SB3 的进线端。

c．从常闭按钮 SB3 的出线端引出 6 号线接至常开按钮 SB4 的进线端。

顺序启动控制部分的接线。

d．从常开按钮 SB4 的出线端引出 7 号线接至端子排 XT，从端子排 XT 引出 7 号线接至交流接触器 KM1 的另一对常开辅助触点的进线端。

e．从交流接触器 KM1 常开辅助触点的出线端引出 8 号线接至交流接触器 KM2 线圈的进线端。

f．从交流接触器 KM2 线圈的出线端引出 0 号线接至 KM1 线圈的出线端，形成对 KM2 线圈的控制回路。

KM2 线圈自锁部分的接线。

g．将交流接触器 KM2 另一对常开辅助触点的两端并联至常开按钮 SB4 的进线端与 KM1 辅助常开触点的进线端，形成 KM2 线圈的自锁。

电动机顺序控制电路实物图如图 2-35 所示。

3．电路的运行调试

系统电路完成接线之后，需要对线路进行检查，分为通电前检查和通电后检查。

图 2-35　电动机顺序控制电路实物图

（1）通电前检查与电动机点动控制的接线运行中通电前检查一致。

（2）电气控制电路的调试及通电后检查。对系统电路进行调试，正确操作电气设备控制电路，合上 QS，按下按钮 SB2，KM1 线圈得电，电动机 M1 先持续转动；按下按钮 SB4，KM2 线圈得电，电动机 M2 后持续转动，由于有 KM1 的常开触点串联在电动机 M2 的控制电路中，因此，若先按下启动按钮 SB4，电动机 M2 是无法启动的。按下停止按钮 SB3，KM2 线圈失电，

电动机顺序控制电路接线及功能

电动机 M2 先停止，按下停止按钮 SB1，KM1 线圈失电，电动机 M1 后停止，由于有 KM2 的常开触点并联在电动机 M1 的控制电路中，将停止按钮 SB1 短接，因此，若先按下停止按钮 SB1，电动机 M1 是无法停止的。检查控制动作与工作过程是否正常；如不正常，用万用表的交流电压 500V 挡位来检查，可以采用分段电压法和分阶电压法等测量，进行通电检查。

 项目小结

本项目从介绍 Z3050 型摇臂钻床的主要构造和运动情况开始，通过分析钻床电气控制电路及钻床常见电气故障的诊断与检修，再经过对相关知识的讲述，介绍了相关的电气控制器件，如行程开关、低压断路器、时间继电器、中间继电器等，进一步以应用举例的形式扩展介绍了电动机自动往返两边延时控制、电动机顺序控制及 Z3050 型摇臂钻床电气控制电路。

本项目具体分析了 Z3050 型摇臂钻床的电气控制原理、摇臂钻床的运动形式、电力拖动与控制要求、电气控制电路，并针对机床的故障现象结合机械、电气进行了剖析。机床的运动形式一般较多，电气控制电路较复杂。不管多么复杂的线路，都是由基本控制环节构成的，在分析机床的电气控制时，应全面了解机床的基本结构、运动形式、工艺要求等。

分析机床的电气控制电路时，应先分析主电路，掌握各电动机的作用、启动方法、调速方法、制动方法以及各电动机的保护，并应注意各电动机控制的运动形式之间的相互关系。分析控制电路时，应分析每一个控制环节对应的电动机，注意机械和电气的联动以及各环节之间的互锁和保护。

本项目还讲述了工作台自动往返电气控制电路的接线运行、工作台自动往返加延时的电气控制电路的接线运行、电动机顺序控制的接线运行 3 个电路的接线方法、步骤、工艺要求及调试运行过程，同时扫描二维码就可以观看相应的实训操作及视频演示。

 习题及思考

1．解释 Z3050 型摇臂钻床型号的含义。

2．QS、FU、KM、FR、KT、SB、SQ 分别是什么电气元件？画出这些电气元件的图形符号，并写出中文名称。

3．既然在电动机的主电路中装有熔断器，为什么还要装热继电器？装有热继电器是否就可以不装熔断器？为什么？

4．位置开关与按钮开关的作用有何异同？

5．为什么说中间继电器是小容量的接触器？

6．试设计并分析工作台自动往返的控制电路。

7．试设计并分析工作台自动往返两边延时 5s 的控制电路。

8．试分析 Z3050 型摇臂钻床摇臂下降的工作过程。

9．Z3050 型摇臂钻床摇臂不能上升的原因有哪些？

10．试分析 Z3050 型摇臂钻床摇臂回转的工作过程。

11．摇臂下降到预定位置后，摇臂不能夹紧，试分析故障原因。

12．设计题。

（1）设计在 2 个地方都能控制一台电动机正转、反转、停止的控制电路，要求电路有完整的保护。

（2）设计能在两地实现两台电动机的顺序启动、逆序停止的控制电路。

（3）有一组皮带运输机共有 3 台电动机 A、B、C，在启动时，要求在启动 A 电动机 3 s 后自动启动 B 电动机，B 电动机启动 3 s 后自动启动 C 电动机；停止时，C 电动机停 2 s 后，B 电动机自动停止，B 电动机停止 2 s 后，A 电动机自动停止。试设计出该组皮带运输机的电气控制原理图，当线路出现紧急事故时，按下停止按钮，所有的电动机全部停止。要求电路有完整的保护。

项目三　万能铣床电气控制

学习目标

1. 熟悉转换开关（万能转换开关）、电磁离合器的工作原理、特点及其在机床电气控制中的应用。
2. 能分析设计异步电动机 Y-△、自耦变压器等降压启动控制电路并能进行安装调试。
3. 能完成能耗制动、反接制动等常见制动控制电路的设计、安装和调试。
4. 了解 X62W 型万能铣床的主要结构和运动形式，并熟悉铣床的基本操作过程。
5. 掌握 X62W 型万能铣床电气控制电路的工作原理与电气故障的分析方法。
6. 能拆装万能转换开关。
7. 能排除 X62W 万能铣床的常见电气故障。
8. 增强学生民族自豪感、职业使命感以及对工匠精神的认同感。

一、项目简述

铣床的加工范围广，运动形式较多，其结构也较为复杂。X62W 型万能铣床在加工时是主轴先启动，只有铣刀旋转后，才允许工作台的进给运动；只有铣刀离开工件表面后，才允许铣刀停止工作。

工作者操作铣床时，在机床的正面与侧面都有操作的可能，这就涉及机床电动机的两地或多地控制问题。

X62W 型万能铣床

（一）X62W 型万能铣床的主要结构和运动形式

X62W 型万能铣床的结构如图 3-1 所示。

床身固定于底座上，用于安装和支撑铣床的各部件，在床身内还装有主轴部件、主传动装置、变速操纵机构等。床身顶部的导轨上装有悬梁，悬梁上装有刀杆支架。铣刀则装在刀杆上，刀杆的一端装在主轴上，另一端装在刀杆支架上。刀杆支架可以在悬梁上水平移动，悬梁又可以在床身顶部的水平导轨上水平移动，因此可以适应各种不同长度的刀杆。

床身的前部有垂直导轨，升降台可以沿导轨上下移动，升降台内装有进给运动和快速移动的传动装置及其操纵机构等。在升降台的水平导轨上装有滑座，可以沿导轨做平行于主轴轴线方向的横向移动；工作台又经过回转盘装在滑座的水平导轨上，可以沿导轨做垂直于主轴轴线方向的纵向移动。这样，紧固在工作台上的工件，通过工作台、回转盘、滑座和升降台，可以在相互垂直的 3 个方向上实现进给或调整运动。

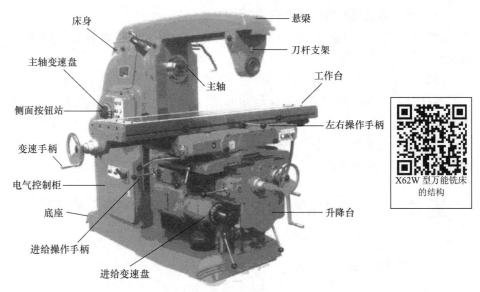

图 3-1　X62W 型万能铣床的结构

工作台与滑座之间的回转盘还可以使工作台左右转动 45°，因此工作台在水平面上除了可以做横向和纵向进给外，还可以实现在不同角度的各个方向上的进给，用以铣削螺旋槽。

由此可见，铣床的主运动是主轴带动刀杆和铣刀的旋转运动；进给运动包括工作台带动工件在水平的纵、横方向及垂直方向 3 个方向的运动；辅助运动则是工作台在 3 个方向的快速移动。

（二）铣床的电力拖动形式和控制要求

铣床的主运动和进给运动各由一台电动机拖动，这样铣床的电力拖动系统一般由 3 台电动机组成：主轴电动机、进给电动机和冷却泵电动机。主轴电动机通过主轴变速箱驱动主轴旋转，并由齿轮变速箱变速，以适应铣削工艺对转速的要求，电动机则不需要调速。由于铣削分为顺铣和逆铣两种加工方式，分别使用顺铣刀和逆铣刀，所以要求主轴电动机能够正反转，但只要求预先选定主轴电动机的转向，在加工过程中不需要主轴反转。又因为铣削是多刃不连续的切削，负载不稳定，所以主轴上装有飞轮，以提高主轴旋转的均匀性，消除铣削加工时产生的振动，这样主轴传动系统的惯性较大，因此还要求主轴电动机在停机时有电气制动。

进给电动机作为工作台进给运动及快速移动的动力，也要求能够正反转，以实现 3 个方向的正反向进给运动。通过进给变速箱，可获得不同的进给速度。为了使主轴和进给传动系统在变速时齿轮能够顺利啮合，要求主轴电动机和进给电动机在变速时能够稍微转动一下（称为变速冲动）。

由此，铣床对电力拖动及其控制有以下要求。

（1）铣床的主运动由一台笼型异步电动机拖动，直接启动，能够正反转，并设有电气制动环节，能进行变速冲动。

（2）工作台的进给运动和快速移动由同一台笼型异步电动机拖动，直接启动，能够正反转，也要求有变速冲动环节。

（3）冷却泵电动机只要求单向旋转。

（4）3 台电动机之间有联锁控制，即只有主轴电动机启动之后，才能控制另外两台电动机运转。

（5）只有主轴电动机启动后，才允许工作电动机工作。

通过以上对 X62W 型万能铣床运动形式与机床电力拖动控制的要求，读者需要学习与铣床电气控制相关的电气元件转换开关、电磁离合器等低压电器的结构与电气图形、文字符号，还应学习有关机床顺序控制、两地控制的基本控制电路的设计特点。这也是学习与识读电气图纸需要掌握的基础知识。

二、低压电器相关知识

（一）转换开关

转换开关又称组合开关，常用于交流 50 Hz、380 V 以下及直流 220 V 以下的电气线路中，供不频繁地手动接通和分断电路、电源开关或控制 5 kW 以下小容量异步电动机的启动、停止和正反转。各种用途的转换开关如图 3-2 所示。

（a）自动电源转换开关　　（b）万能转换开关（一）　　（c）万能转换开关（二）

（d）可逆转换开关　　（e）HZ 转换开关　　（f）防爆转换开关

图 3-2　各种用途的转换开关

转换开关的常用产品有 HZ6、HZ10、HZ15 系列。一般在电气控制电路中普遍采用的是 HZ10 系列的转换开关。

转换开关有单极、双极和多极之分。普通类型的转换开关各极是同时通断的；特殊类型的转换开关是各极交替通断的，以满足不同的控制要求。

1. 无限位型转换开关

无限位型转换开关手柄可以 360° 旋转，无固定方向，常用的是全国统一设计产品 HZ10

系列。HZ10-10/3 型转换开关的外形、结构与图形符号如图 3-3 所示。它实际上就是由多节触点组合而成的刀开关，与普通刀开关的区别是转换开关用动触点（触片）代替触刀，操作手柄在平行于安装面的平面内可左右转动。开关的 3 对静触点分别装在 3 层绝缘垫板上，并附有接线柱，用于与电源及用电设备相接。动触点用磷铜片（或硬紫铜片）和具有良好灭弧性能的绝缘钢纸板铆合而成，并和绝缘垫板一起套在附有手柄的方形绝缘转轴上。手柄和转轴能在平行于安装面的平面内沿顺时针或逆时针方向每次转动 90°，带动 3 个动触点分别与 3 对静触点接触或分离，达到接通或分断电路的目的。开关的顶盖部分是由手柄、转轴、凸轮、弹簧等构成的操作机构。由于采用了弹簧储能结构，可使触点快速闭合或分断，所以提高了开关的通断能力。

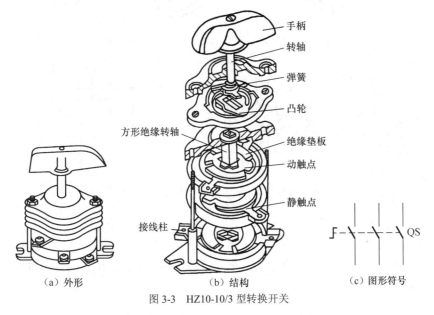

（a）外形　　　　　　　（b）结构　　　　　　　　（c）图形符号

图 3-3　HZ10-10/3 型转换开关

2. 有限位型转换开关

有限位型转换开关也称为可逆转换开关或倒顺开关，只能在 90° 范围内旋转，有定位限制，类似双掷开关，即所谓的两位置转换类型，常用的为 HZ3 系列，其 HZ3-132 型转换开关的外形、结构及图形符号如图 3-4 所示。

HZ3-132 型转换开关的手柄有倒、停、顺 3 个位置，手柄只能从"停"位置左转 45° 和右转 45°。移去上盖可见两边各装有 3 个静触点，右边标符号 L1、L2 和 W，左边标符号 U、V 和 L3，如图 3-4（b）所示。转轴上固定有 6 个不同形状的动触点。其中，I1、I2、I3、II1 是同一形状，II2、II3 为另一种形状，如图 3-4（c）所示。6 个动触点分成 2 组，每组 3 个，I1、I2、I3 为一组，II1、II2、II3 为一组。两组动触点不同时与静触点接触。

HZ3 系列转换开关多用于控制小容量异步电动机的正反转及双速异步电动机△-YY、Y-YY 的变速切换。

3. 转换开关的选用

转换开关是根据电源种类、电压等级、所需触点数、接线方式选用的。应用转换开关控制异步电动机的启动、停止时，每小时的接通次数不超过 15 次，开关的额定电流也应该选得略大一些，一般取电动机额定电流的 1.5～2.5 倍。用于电动机的正反转控制时，应当在电动机完全停止转动后，才允许反向启动，否则会烧坏开关触点或造成弧光短路事故。

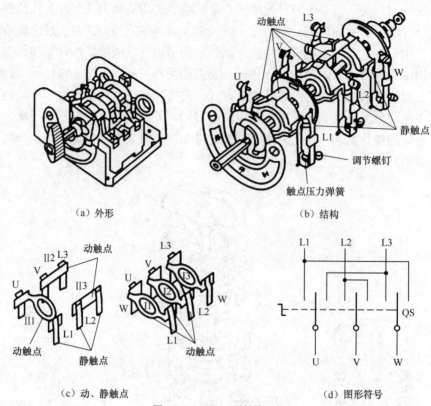

（a）外形   （b）结构

（c）动、静触点   （d）图形符号

图 3-4　HZ3-132 型转换开关

　　HZ5、HZ10 系列转换开关主要技术数据如表 3-1 所示。HZ10 系列转换开关在电路图中的符号如图 3-4（d）所示。

表 3-1　　　　　　　　　　　　HZ5、HZ10 系列转换开关主要技术数据

型　　号	额定电压/V	额定电流/A	控制功率/kW	用　　　　途	备　　注
HZ5-10	交流 380 直流 220	10	1.7	在电气设备中用于电源引入、接通或分断电路、换接电源或负载（电动机等）	可取代 HZ1～HZ3 等老产品
HZ5-20		20	4		
HZ5-40		40	7.5		
HZ5-60		60	10		
HZ10-10		10	1	在电气线路中用于接通或分断电路；换接电源或负载；测量三相电压；控制小型异步电动机正反转	可取代 HZ1、HZ2 等老产品
HZ10-25		25	3.3		
HZ10-60		60	5.5		
HZ10-100		100	—		

注：HZ10-10 为单极时，其额定电流为 6 A，HZ10 系列还具有 2 极和 3 极。

　　HZ3 系列转换开关的型号和用途如表 3-2 所示。

表 3-2　　　　　　　　　　　　HZ3 系列转换开关的型号和用途

型　　号	额定电流/A	电动机容量/kW			手柄形式	用　　　　途
		220 V	380 V	500 V		
HZ3-131	10	2.2	3	3	普通	控制电动机启动、停止
HZ3-431	10	2.2	3	3	加长	控制电动机启动、停止

型　　号	额定电流/A	电动机容量/kW			手柄形式	用　　途
		220 V	380 V	500 V		
HZ3-132	10	2.2	3	3	普通	控制电动机倒、顺、停
HZ3-432	10	2.2	3	3	加长	控制电动机倒、顺、停
HZ3-133	10	2.2	3	3	普通	控制电动机倒、顺、停
HZ3-161	35	5.5	7.5	7.5	普通	控制电动机倒、顺、停
HZ3-452	5（110 V） 2.5（220 V）	—	—	—	加长	控制电磁吸盘
HZ3-451	10	2.2	3	3	加长	控制电动机△—YY、Y—YY 变速

HZ 系列型号的含义如下。

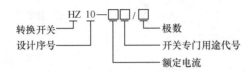

（二）万能转换开关

万能转换开关主要用于控制电路的转换或功能切换、电气测量仪表的转换以及配电设备（油断路器、低压空气断路器等）的远距离控制，亦可用于控制伺服电动机和其他小容量电动机的启动、换向以及变速等。这类转换开关由于开关触点数量多，具有更多操作位置和触点，能控制多个回路，适应复杂线路的要求，故有"万能"转换开关之称，是一种能够换接多个电路的手动控制电器。

典型的万能转换开关如图 3-5 所示。它由触点座、凸轮、转轴、定位机构、螺杆和手柄等组成，并由 1~20 层触点底座叠装起来。其中每层底座均可装 3 对触点，并由触点底座中的凸轮（套在转轴上）来控制这 3 对触点的接通和断开。由于各层凸轮可制成不同形状，因此用手柄将开关转到不同位置时，通过凸轮的作用，可使各对触点按所需的变化规律接通或断开，以适应不同线路的需要。

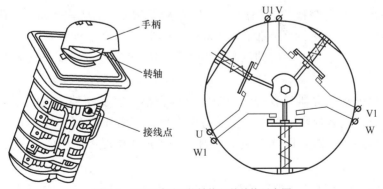

图 3-5　LW6 系列万能转换开关结构示意图

表征万能转换开关特性的有额定电压、额定电流、手柄形式、触点座数、触点对数、触点座排列形式、定位特征代号、手柄定位角度等。万能转换开关的手柄形式有旋钮式、普通式、带定位钥匙式和带信号灯式。万能转换开关体积小，结构紧凑，可用于电气控制电路的转换和 5.5kW 以下电动机的直接控制（启动、正反转及多速电动机的变速）。使用万能转换开关控制电动机的主要缺点是没有过载保护，因此它只能用于小容量电动机上。万能转换开关的常用型号有 LW2、LW4、LW5、LW6、LW8 等系列。万能转换开关型号含义如下：

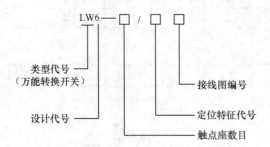

（三）电磁离合器

铣床工作的快速进给与常速进给都是通过电磁离合器来实现的。

电磁离合器的工作原理是：电磁离合器的主动部分和从动部分借接触面的摩擦作用，或用液体作为介质（液力耦合器），或用磁力传动装置（电磁离合器）来传动转矩，使两者之间可以暂时分离，又逐渐接合，在传动过程中又允许两部分相互转动。

电磁离合器又称电磁联轴节，是利用表面摩擦和电磁感应原理在两个旋转运动的物体间传递力矩的执行电器。电磁离合器便于远距离控制，控制能量小，动作迅速、可靠，结构简单，因此广泛用于机床的自身控制，铣床上采用的是摩擦式电磁离合器。

摩擦式电磁离合器按摩擦片数量可以分为单片式与多片式两种。机床上普遍采用多片式电磁离合器，在主动轴的花键轴端，装有主动摩擦片，可以沿轴向自由移动，但因为是花键连接，故将随主轴一起转动，从动摩擦片与主动摩擦片交替叠装，其外缘凸起部分卡在与从动齿轮固定在一起的套筒内，因而可以随从动齿轮转动，并在主动轴转动时，它不可以转动。

线圈通电后产生磁场，将摩擦片吸向铁芯，衔铁也被吸住，紧紧压住各摩擦片。于是，依靠主动摩擦片与从动摩擦片之间的摩擦力使从动齿轮随主动轴转动，实现力矩的传递。当电磁离合器线圈电压达到额定值的 85%～105%时，离合器就能可靠地工作。当线圈断电时，装在内、外摩擦片之间的圆柱弹簧使衔铁和摩擦片复位，离合器便失去传递力矩的作用。

多片式摩擦电磁离合器具有传递力矩大、体积小、容易安装的优点。多片式电磁离合器在 2～12 片时，随着片数的增加，传递力矩也增加，但片数大于 12 后，由于磁路气隙增大等原因，所传递的力矩会因此而减小。因此，多片式电磁离合器的摩擦片以 2～12 片最为合适。

图 3-6 所示为线圈旋转（带滑环）多片摩擦式电磁离合器，在磁轭 4 的外表面和线圈槽中分别用环氧树脂固定滑环 5 和励磁线圈 6，线圈引出线的一端焊在滑环 5 上，另一端焊在磁轭 4 上接地。外连接件 1 与外摩擦片组成回转部分，内摩擦片与传动轴套 7、磁轭 4 组成另一回转部分。当线圈通电时，衔铁 2 被吸引沿花键套右移压紧摩擦片组 3，离合器接合。

这种结构的摩擦片位于励磁线圈产生的磁力线回路内，因此需用导磁材料制成。受摩擦片的剩磁和涡流影响，这种结构的摩擦片脱离时间较非导磁摩擦片长，常在湿式条件下工作，因而广泛用于远距离控制的传动系统和随动系统中。

摩擦片处在磁路外的电磁离合器中，摩擦片既可用导磁材料制成，也可用摩擦性能较好的铜基粉末冶金等非导磁材料制成，或在钢片两侧面黏合具有高耐磨性、韧性且摩擦因数大的石棉橡胶材料，可在湿式或干式情况下工作。

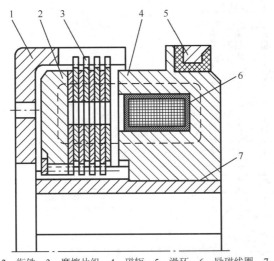

转换开关、电磁离合器的结构与工作原理

1—外连接件　2—衔铁　3—摩擦片组　4—磁轭　5—滑环　6—励磁线圈　7—传动轴套

图 3-6　线圈旋转多片摩擦式电磁离合器

为了提高导磁性能和减小剩磁影响，磁轭和衔铁可用电工纯铁或 08 号、10 号低碳钢制成，滑环一般用淬火钢或青铜制成。

 ## 三、电气控制电路相关知识

（一）三相异步电动机降压启动控制

前面章节所述的电动机正转和正反转等各种控制电路启动时，加在电动机定子绕组上的电压为额定电压，属于全压启动（直接启动）。直接启动电路简单，但启动电流大 $[I_{ST}=（4\sim7）I_N]$，这会对电网其他设备造成一定的影响。因此当电动机功率较大时（大于 7 kW），需采取降压启动方式启动，以降低启动电流。

所谓降压启动，就是利用某些设备或者采用电动机定子绕组换接的方法，降低启动时加在电动机定子绕组上的电压，而启动后再将电压恢复到额定值，使之在正常电压下运行。因为电枢电流和电压成正比，所以降低电压可以减小启动电流，减小对电路电压的影响，不致在电路中产生过大的电压降。不过，因为电动机的电磁转矩和端电压平方成正比，所以电动机的启动转矩也就减小了。因此，降压启动一般需要在空载或轻载下进行。

三相笼型异步电动机常用的降压启动方法有定子串电阻（或电抗）降压启动、Y-△降压启动、自耦变压器启动几种，虽然方法各异，但目的都是减小启动电流。

1. 定子串电阻降压启动

图 3-7 所示为定子串电阻降压启动控制电路。电动机启动时在三相定子电路中串接电阻，使电动机定子绕组电压降低，启动后再将电阻短路，电动机仍然在正常电压下运行，这种启动方式由于不受电动机接线形式的限制，设备简单，因而在中小型机床中也有应用，机床中也常用这种串接电阻的方法限制点动调整时的启动电流。

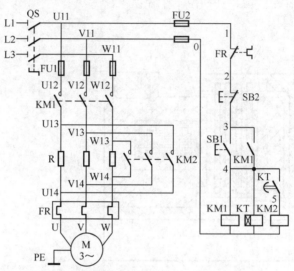

图 3-7　定子串电阻降压启动控制电路

电路的工作原理：先合上电源开关 QS，再按以下步骤完成。

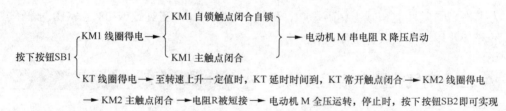

由以上分析可见，当电动机 M 全压正常运转时，接触器 KM1 和 KM2、时间继电器 KT 的线圈均需长时间通电，从而使能耗增加，电器寿命缩短。为此，可以对图 3-7 所示的控制电路进行改进，KM2 的 3 对主触点不是直接并接在启动电阻 R 两端，而是把接触器 KM1 的主触点也并接进去，这样接触器 KM1 和时间继电器 KT 只作短时间的降压启动，待电动机全压运转后就全部从线路中切除，从而延长了接触器 KM1 和时间继电器 KT 的使用寿命，节省了电能，提高了电路的可靠性。（读者可自行设计控制电路）

定子串电阻降压启动电路中的启动电阻一般采用由电阻丝绕制的板式电阻或铸铁电阻，电阻功率大，能够通过较大电流，但功耗较大，为了降低能耗可采用电抗器代替电阻。

2. Y-△降压启动

定子绕组接成 Y 时，由于电动机每相绕组额定电压只为△接法的 $1/\sqrt{3}$，电流为△接法的 1/3，电磁转矩也为△接法的 1/3，所以，对于△接法运行的电动机，在电动机启动时应先将定子绕组接成 Y，实现降压启动，减小了启动电流，当启动即将完成时再换为△接法，各相绕组承受额定电压工作，电动机进入正常运行，故这种降压启动方法称为 Y-△降压启动。

图 3-8 所示为 Y-△降压启动控制电路。图 3-8 中的主电路由 3 组接触器主触点分别将电动机的定子绕组接成△和 Y，即 KM1、KM3 主触点闭合时，绕组接成 Y，KM1、KM2 主触点闭合时，接为△，两种接线方式的切换要在很短的时间内完成，在控制电路中采用时间继电器实现定时自动切换。

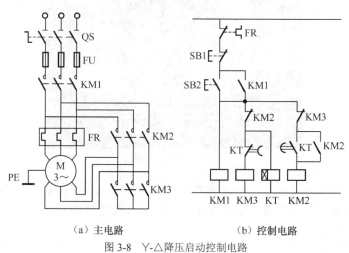

（a）主电路　　　　　　　　　　（b）控制电路

图 3-8　Y-△降压启动控制电路

控制电路工作过程：先合上电源开关 QS，再按以下步骤操作。

（1）Y 降压启动△运行。

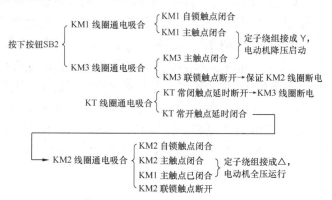

（2）停止。

按下按钮 SB1→控制电路断电→KM1、KM2、KM3 线圈断电释放→电动机 M 断电停车

用 Y-△降压启动时，由于启动转矩降低很多，因此只适用于轻载或空载下启动的设备上。此法最大的优点是所需设备较少，价格低，因而获得较广泛的应用。此法只能用于正常运行时为△连接的电动机上，因此我国生产的 JO2 系列、Y 系列、Y2 系列三相笼型异步电动机，凡功率在 4kW 及以上者，正常运行时都采用△连接。

【拓展阅读】工程机械泵车——国之重器

混凝土泵车是一种利用压力将混凝土沿管道连续输送的机械，利用车上的布料杆和输送管，将混凝土输送到一定的高度和距离，是基建中非常重要的一种工程机械设备。

在混凝土泵车中，就有这样一颗璀璨的"新星"——新一代86m长钢制臂架泵车，它的臂架采用的是抗拉强度为1800MPa的钢，每平方厘米的钢可以承受18t的压力，相当于用一根手指撑起一只非洲象，是完成混凝土浇灌的重中之重。图3-9为泵车施工现场。

图3-9 泵车施工现场

Y-△降压启动是BTS60-13-90型拖式混凝土泵车电气控制系统中的主要组成部分，控制着泵车中的电动机降压启动，能够有效地降低电动机的启动电流，减小电动机启动对混凝土泵车其他用电设备的影响。

3. 自耦变压器降压启动

自耦变压器降压启动利用自耦变压器来降低加在电动机三相定子绕组上的电压，达到限制启动电流的目的。自耦变压器降压启动时，将电源电压加在自耦变压器的高压绕组，而电动机的定子绕组与自耦变压器的低压绕组连接，如图3-10所示。电动机启动后，将自耦变压器切除，电动机定子绕组直接与电源连接，在全电压下运行。自耦变压器降压启动比Y-△降压启动的启动转矩大，并且可用抽头调节自耦变压器的变比，以改变启动电流和启动转矩的大小。这种启动需要一个庞大的自耦变压器，并且不允许频繁启动。因此，自耦变压器降压启动适用于容量较大，但不能用Y-△降压启动方法启动的电动机的降压启动。一般自耦变压器降压启动是采用成品的补偿降压启动器，包括手动、自动两种操作形式，手动操作的补偿器有QJ3、QJ5等型号，自动操作的补偿器有XJ01型和CTZ系列等。

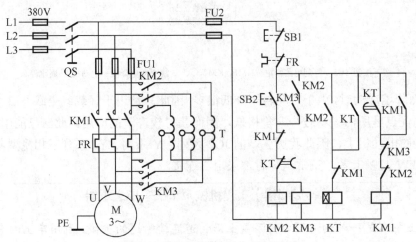

图3-10 自耦变压器降压启动控制电路

控制电路工作过程：先合上电源开关 QS，再按以下步骤完成。

（1）自耦变压器降压启动，全压运行。

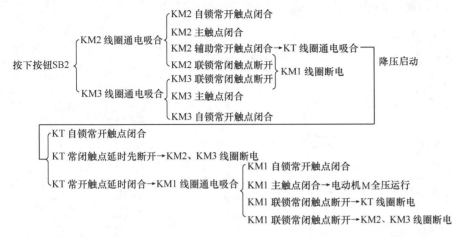

三相异步电动机降压启动控制电路

（2）停止。

按下按钮 SB1→控制电路断电→KM1、KM2、KM3 线圈断电释放→电动机 M 断电停止

（二）三相异步电动机制动控制

电动机不采取任何措施直接切断电动机电源称为自由停止，电动机自由停止的时间较长，效率低，随惯性大小而不同，而某些生产机械要求迅速、准确地停止，例如，镗床、车床的主电动机需要快速停止；起重机为使重物停位准确及保障现场安全要求，也必须采用快速、可靠的制动方式。采用什么制动方式、用什么控制原则保证每种方法的可靠实现是本节要解决的问题。

制动可分为机械制动和电气制动。电气制动是在电动机转子上加一个与电动机转向相反的制动电磁转矩，使电动机转速迅速下降，或稳定在另一转速。常用的电气制动有反接制动与能耗制动。

1. 三相异步电动机能耗制动控制电路

能耗制动是指电动机脱离交流电源后，立即在定子绕组的任意两相中加入一个直流电源，在电动机转子上产生一个制动转矩，使电动机快速停下来。由于能耗制动采用直流电源，故也称为直流制动。能耗制动自动控制方式有按速度原则控制方式与按时间原则控制方式两种。

（1）按速度原则控制的电动机单向运行能耗制动控制电路。电路如图 3-11 所示，由 KM2 的一对主触点接通交流电源，经整流后，由 KM2 的另外两对主触点通过限流电阻向电动机的两相定子绕组提供直流电源。

电路工作过程如下：假设速度继电器的动作值调整为 120 r/min，释放值为 100 r/min。合上开关 QS，按下启动按钮 SB2→KM1 线圈通电自锁，电动机启动→当转速上升至 120 r/min 时，KS 常开触点闭合，为 KM2 通电做准备。电动机正常运行时，KS 常开触点一直保持闭合状态→当需停止时，按下停止按钮 SB1→SB1 常闭触点首先断开，使 KM1 断电解除自锁，主回路中，电动机脱离三相交流电源→SB1 常开触点后闭合，使 KM2 线圈通电自锁。KM2

主触点闭合，交流电源经整流后经限流电阻向电动机提供直流电源，在电动机转子上产生一个制动转矩，使电动机转速迅速下降→当转速下降至 100 r/min 时，KS 常开触点断开，KM2 断电释放，切断直流电源，制动结束。电动机最后阶段是自由停止。

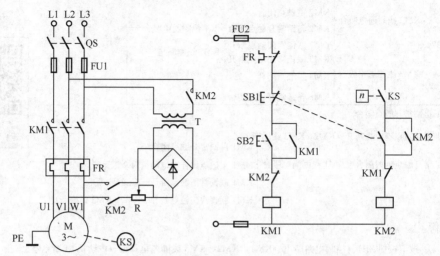

图 3-11　按速度原则控制的电动机单向运行能耗制动控制电路

　　对于功率较大的电动机应采用三相整流电路，而对于 10 kW 以下的电动机，在制动要求不高的场合，为减少设备、降低成本、减小体积，可采用无变压器的单管直流制动。制动电路可参考相关书籍。

　　（2）按时间原则控制的电动机可逆运行能耗制动控制电路。如图 3-12 所示，KM1、KM2 分别为电动机正反转接触器，KM3 为能耗制动接触器；SB2、SB3 分别为电动机正反转启动按钮。

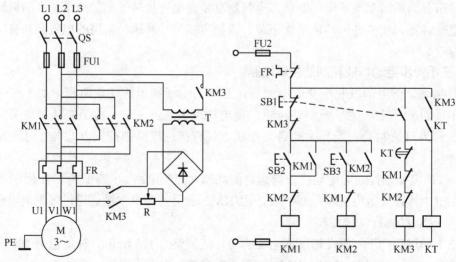

图 3-12　按时间原则控制的电动机可逆运行能耗制动控制电路

　　电路工作过程如下：合上开关 QS，按下启动按钮 SB2（SB3）→KM1（KM2）通电自锁，电动机正向（反向）启动、运行→若需停止，按下停止按钮 SB1→SB1 常闭触点断开，使 KM1（正转时）或 KM2（反转时）断电并解除自锁，电动机断开交流电源→SB1 常开触点闭合，使 KM3、KT 线圈通电并自锁。KM3 常闭辅助触点断开，进一步保证 KM1、KM2 失电。在主回路中，KM3 主触点闭合，电动机定子绕组串电阻进行能耗制动，电动机转速迅速降低→当接近零时，KT 延时结束，其延时常闭触点断开，使 KM3、KT 线圈相继断电释放。在主回路中，KM3 主触点断开，切断直流电源，直流制动结束。电动机最后阶段是自由停止。

　　按时间原则控制的直流制动，一般适合于负载转矩和转速较稳定的电动机。这样，时间继电器的整定值无须经常调整。

2. 三相异步电动机反接制动控制电路

　　反接制动是通过改变电动机电源的相序，使定子绕组产生相反方向的旋转磁场，从而产生制动转矩的一种制动方法。

　　因为反接制动刚开始时，转子与旋转磁场的相对速度接近于两倍的同步转速，所以定子绕组流过的制动电流相当于全压直接启动电流的两倍。因此，反接制动的特点是制动迅速，效果好，但冲击大。故反接制动一般用于电动机需快速停止的场合，如镗床上主电动机的停止等。为了减小冲击电流，通常要求在电动机主电路中串接一定的电阻，以限制反接制动电流。反接制动电阻的接线方法有对称和不对称两种。图 3-13 所示为三相串电阻的对称接法。对反接制动的另一个要求是在电动机转速接近于零时，必须及时切断反相序电源，以防止电动机反向再启动。

　　图 3-13 所示为异步电动机单向运行反接制动电路，KM1 为电动机单向旋转接触器，KM2 为反接制动接触器，制动时在电动机两相中串入制动电阻。用速度继电器来检测电动机转速。

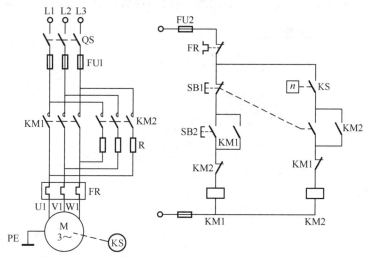

图 3-13　速度原则控制的异步电动机单向运行反接制动控制电路

　　电路工作过程如下：假设速度继电器的动作值为 120 r/min，释放值为 100 r/min。合上开关 QS，按下启动按钮 SB2→KM1 动作，电动机转速很快上升至 120 r/min，速度继电器常开触点闭合。电动机正常运转时，此对触点一直保持闭合状态，为进行反接制动做好准备→当需要停止时，按下停止按钮 SB1→SB1 常闭触点先断开，使 KM1 断电释放。在主回路中，KM1 主触点断开，使电动机脱离正相序电源→SB1 常开触点后闭合，KM2 通电自锁，主触点动作，电动机定子串入对称电阻进行反接制动，使电动机转速迅速下降→当电动机转

三相异步电动机
制动控制

速下降至 100 r/min 时，KS 常开触点断开，使 KM2 断电解除自锁，电动机断开电源后自由停止。

四、应用举例

（一）三相异步电动机正反转 Y-△降压启动控制电路

1. 工作任务

有一台皮带运输机，由一台电动机拖动，电动机功率为 7.5 kW，电压为 380 V，采用△接法，额定转速为 1 440 r/min，按如下控制要求完成其控制电路的设计与安装。

（1）系统启动平稳且启动电流应较小，以减小对电网的冲击。

（2）系统可实现连续正反转。

（3）有短路、过载、失电压和欠电压保护。

2. 任务分析

（1）确定启动方案。生产机械所用电动机的功率为 7.5 kW，采用△接法，因此在综合考虑性价比的情况下，选用 Y-△降压启动方法实现平稳启动。启动时间由时间继电器设定。

（2）设置电路保护。根据控制要求，过载保护采用热继电器实现，短路保护采用熔断器实现，因为采用接触器-继电器控制，所以具有欠电压和失电压保护功能。

（3）根据正反转 Y-△降压启动指导思想，设计本项目的控制流程，具体如下。

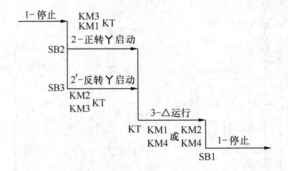

3. 任务实施

（1）设计正反转 Y-△降压启动控制电路。

① 根据工作流程图设计相应的三相异步电动机正反转 Y-△降压启动自动控制电路，如图 3-14 所示。

② 根据图 3-14 所示的三相异步电动机正反转 Y-△降压启动自动控制电路，画出元件的安装布置图，如图 3-15 所示。

（2）工作准备。

① 所需工具、仪表及器材如下。

工具：测电笔、螺钉旋具、尖嘴钳、斜口钳、剥线钳、电工刀、校验灯等。

仪表：5050 型兆欧表、T301-A 型钳形电流表，MF47 型万用表。

器材：控制板一块、主电路导线、辅助电路导线、按钮导线、接地导线，走线槽若干，各种规格的紧固体、针形及叉形接线端头、金属软管、编码套管等，其数量按需要而定。

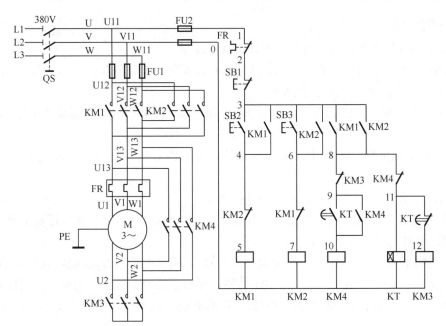

图 3-14　三相异步电动机正反转 Y-△降压启动自动控制电路

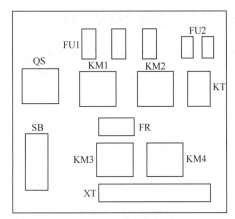

图 3-15　元件安装布置

② 元件明细表如表 3-3 所示。

表 3-3　　　　　　　　　　　　　　元件明细表

代　　　号	名　　　称	型　　　号	规　　　格	数量
M	三相异步电动机	Y132S-4	5.5 kW、380 V、11.6 A、△接法、1 440 r/min　I_N/I_{st}=1/7	1
QS	组合开关	HZ10-25/3	三极、25 A	1
FU1	熔断器	RL1-60/5	500 V、60 A、配熔体 25 A	3
FU2	熔断器	RL1-15/2	500 V、15 A、配熔体 2 A	2
KM1、KM2、KM3、KM4	交流接触器	CJ10-20	20 A、线圈电压 380 V	各 1
KT	时间继电器	JS7-2A	线圈电压 380 V	1
FR	热继电器	JR16-20/3	三极、20 A、整定电流 11.6 A	1
SB1、SB2、SB3	按钮	LA10-3H	保护式、旋钮式	各 1
XT	端子板	JX2-1015	380 V、10 A、15 节	1

（3）工作步骤。

① 按表 3-3 配齐所用电气元件，并检验元件质量。

② 固定元件。将元件固定在控制板上，元件应安装牢固，并符合工艺要求。元件布置参考图 3-15，按钮 SB 可安装在控制板外。

③ 安装主电路。根据电动机容量选择主电路导线，按电气控制电路图接好主电路。参考图 3-14。

④ 安装控制电路。根据电动机容量选择控制电路导线，按电气控制电路图接好控制电路。

⑤ 自检。检查主电路和控制电路的连接情况。

⑥ 检查无误后通电试车。为保证人身安全，在通电试车时，要认真执行安全操作规程的有关规定，经教师检查并现场监护。

接通三相电源 L1、L2、L3，合上电源开关 QS，用测电笔检查熔断器出线端，氖管亮说明电源接通。分别按下 SB2、SB3 和 SB1 按钮，观察是否符合线路功能要求，观察电气元件动作是否灵活，有无卡阻及噪声过大现象，观察电动机运行是否正常。若有异常，就立即停机检查。

（二）三相异步电动机可逆反接制动控制电路

前面讲述了异步电动机反接制动控制电路，很多生产机械（如 T68 型镗床）的电动机正反转时都要求进行反接制动。根据控制要求设计的电动机可逆运行反接制动控制电路如图 3-16 所示。电阻 R 是反接制动电阻，采用不对称接法，同时具有限制启动电流的作用。

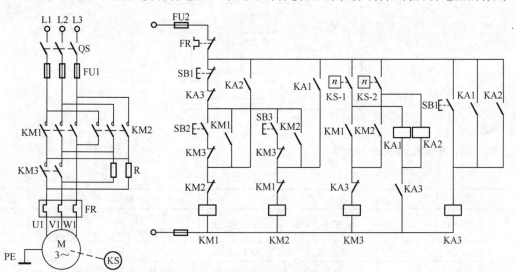

图 3-16 电动机可逆运行反接制动控制电路

电路工作过程如下：合上开关 QS，按下正向启动按钮 SB2→KM1 通电自锁，在主回路中，电动机 M 两相串电阻启动→当转速上升到速度继电器动作值时，KS-1 闭合，KM3 线圈通电，在主回路中，KM3 主触点闭合短接电阻，电动机 M 进入全压运行→需要停止时，按下停止按钮 SB1，KM1 断电解除自锁。电动机 M 断开正相序电源→SB1 常开触点闭合，使 KA3 线圈通电→KA3 常闭触点断开，使 KM3 线圈保持断电。KA3 常开触点闭合，KA1 线圈通电，KA1 的一对常开触点闭合使 KA3 保持继续通电，另一对常开触点闭合使 KM2 线圈通电，KM2 主触点闭合。在主回路中，电动机 M 串电阻进行反接制动→反接制动使电动机转速迅速下降，当下降到 KS 的释放值时，KS-1 断开，KA1 断电→KA3 断电、KM2 断电，电动机 M 断开制动电源，反接制动结束。

电动机反向启动和制动停止过程的分析与正转时相似，可自行分析。

（三）三相异步电动机正反转能耗制动控制电路

前面讲述了电动机单向能耗制动，同样，在很多生产设备控制电路中也要求电动机正反转都进行能耗制动，三相异步电动机正反转能耗制动控制电路如图 3-17 所示。该电路由 KM1、KM2 实现电动机正反转，在停止时，由 KM3 给二相定子绕组接通直流电源，电位器 R 可以调节制动回路电流的大小，该电路实现能耗制动的点动控制。正反转能耗制动原理由读者自主分析。

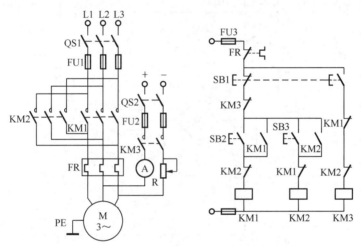

图 3-17 三相异步电动机正反转能耗制动控制电路

（四）X62W 型万能铣床电气控制电路分析及故障排除

X62W 型万能铣床的电气控制电路有多种，图 3-18 所示的电气原理图是经过改进的电路，是 X62W 型卧式和 X53K 型立式两种万能铣床通用的电路。

1. 主电路

三相电源由电源开关 QS1 引入，FU1 作全电路的短路保护。主轴电动机 M1 的运行由接触器 KM1 控制，由转换开关 SA3 预选其转向。冷却泵电动机 M3 由开关 QS2 控制其单向旋转，但必须在 M1 启动运行之后才能运行。进给电动机 M2 由 KM3、KM4 实现正反转控制。3 台电动机分别由热继电器 FR1、FR2、FR3 提供过载保护。

2. 控制电路

由控制变压器 TC1 提供 110 V 工作电压，FU4 提供变压器二次侧的短路保护。该电路的主轴制动、工作台常速进给和快速进给分别由控制电磁离合器 YC1、YC2、YC3 实现，电磁离合器需要的直流工作电压由整流变压器 TC2 降压后经桥式整流器 VC 提供，FU2、FU3 分别提供交、直流侧的短路保护。

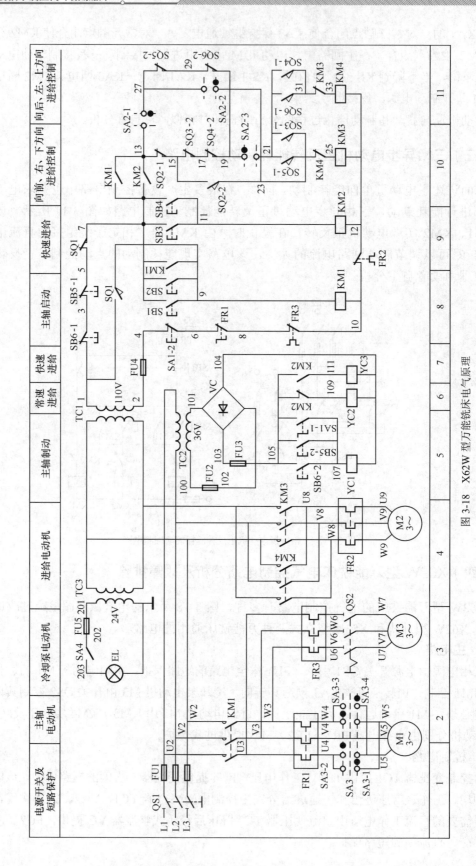

图 3-18 X62W 型万能铣床电气原理

（1）主轴电动机 M1 的控制。M1 由交流接触器 KM1 控制，为操作方便，在机床的不同位置各安装了一套启动和停止按钮：SB2 和 SB6 装在床身上，SB1 和 SB5 装在升降台上。对电动机 M1 的控制包括主轴的启动、停止与制动、变速冲动和换刀制动。

① 启动。在启动前先按照顺铣或逆铣的工艺要求，用组合开关 SA3 预先确定电动机 M1 的转向。按下 SB1 或 SB2 按钮→KM1 线圈通电→电动机 M1 启动运行，同时 KM1 常开辅助触点（7—13）闭合，为 KM3、KM4 线圈支路接通做好准备。

SA3 主轴转换开关的功能如表 3-4 所示。

表 3-4　　　　　　　　　　　　SA3 主轴转换开关的功能

触点	正转	停止	反转
SA3-1	−	−	+
SA3-2	+	−	−
SA3-3	+	−	−
SA3-4	−	−	+

注："+"表示触点闭合，"−"表示触点断开。

② 停止与制动。按下按钮 SB5 或 SB6→SB5 或 SB6 常闭触点断开（3—5 或 1—3）→KM1 线圈断电，电动机 M1 停车→SB5 或 SB6 常开触点闭合（105—107），制动电磁离合器 YC1 线圈通电→电动机 M1 制动。

制动电磁离合器 YC1 装在主轴传动系统与电动机 M1 转轴相连的第 1 根传动轴上，当 YC1 通电吸合时，将摩擦片压紧，对电动机 M1 进行制动。停转时，应按住按钮 SB5 或 SB6 直至主轴停转才能松开，一般主轴的制动时间不超过 0.5s。

③ 主轴的变速冲动。主轴的变速是通过改变齿轮的传动比实现的。在需要变速时，将变速手柄（图 3-1）拉出，转动变速盘至所需的转速，然后将变速手柄复位。在手柄复位过程中，在瞬间压合行程开关 SQ1，手柄复位后，SQ1 也随之复位。在 SQ1 动作的瞬间，SQ1 的常闭触点（5—7）先断开其他支路，然后常开触点（1—9）闭合，点动控制 KM1，使电动机 M1 产生瞬间的冲动，利于齿轮的啮合。如果点动一次齿轮还不能啮合，可重复进行上述动作。

④ 主轴换刀控制。在上刀或换刀时，主轴应处于制动状态，以免发生事故。只要将换刀制动开关 SA1 拨至"接通"位置，其常闭触点 SA1-2（4—6）断开控制电路，保证在换刀时机床没有任何动作；其常开触点 SA1-1（105—107）接通 YC1，使主轴处于制动状态。换刀结束后，要记得将 SA1 扳回"断开"位置。

（2）进给运动控制。工作台的进给运动分为常速（工作）进给和快速进给，常速进给必须在电动机 M1 启动运行后才能进行，而快速进给属于辅助运动，可以在电动机 M1 不启动的情况下进行。工作台在 6 个方向上的进给运动是由进给操作手柄（图 3-1）带动相关的行程开关 SQ3～SQ6，通过控制接触器 KM3、KM4 来控制进给电动机 M2 正反转实现的。行程开关 SQ5 和 SQ6 分别控制工作台的向右和向左运动，SQ3 和 SQ4 则分别控制工作台的向前、向下和向后、向上运动。

进给拖动系统使用的两个电磁离合器 YC2 和 YC3 都安装在进给传动链中的第 4 根传动轴上。当 YC2 吸合而 YC3 断开时，为常速进给；当 YC3 吸合而 YC2 断开时，为快速进给。

① 工作台的纵向进给运动。工作台的纵向（左右）进给运动是由工作台纵向进给操作手柄来控制的。手柄有 3 个位置——向左、向右、零位（停止），其控制关系如表 3-5 所示。

表 3-5　　　　　　　　　　　纵向进给操作手柄位置及其控制关系

触点	手柄位置		
	向左	零位（停止）	向右
SQ5-1	-	-	+
SQ5-2	+	+	-
SQ6-1	+	-	-
SQ6-2	-	+	+

注："+"表示触点闭合，"-"表示触点断开。

将纵向进给操作手柄扳向右边→行程开关 SQ5 动作→其常闭触点 SQ5-2（27—29）先断开，常开触点 SQ5-1（21—23）后闭合→KM3 线圈通过 13—15—17—19—21—23—25 路径通电→电动机 M2 正转→工作台向右运动。

若将操作手柄扳向左边，则 SQ6 动作→KM4 线圈通电→电动机 M2 反转→工作台向左运动。

SA2 为圆工作台控制开关，此时应处于"断开"位置，3 组触点状态为 SA2-1、SA2-3 接通，SA2-2 断开。

② 工作台的垂直与横向进给运动。工作台垂直与横向进给运动由一个十字形手柄操纵，十字形手柄有向上、向下、向前、向后和中间 5 个位置，其对应的运动状态如表 3-6 所示。将手柄扳至向下或向上位置时，分别压动行程开关 SQ3 或 SQ4，控制电动机 M2 正转或反转，并通过机械传动机构使工作台分别向下和向上运动；而当手柄扳至向前或向后位置时，虽然同样是压动行程开关 SQ3 和 SQ4，但此时机械传动机构使工作台分别向前和向后运动。当手柄在中间位置时，SQ3 和 SQ4 均不动作。下面就以向上运动的操作为例，分析电路的工作情况，其余的可自行分析。

表 3-6　　　　　　　　　　　十字形手柄位置及其对应的运动状态

手柄位置	工作台运动方向	离合器接通的丝杠	行程开关动作	接触器动作	电动机运转
向上	向上进给或快速向上	垂直丝杠	SQ4	KM4	M2 反转
向下	向下进给或快速向下	垂直丝杠	SQ3	KM3	M2 正转
向前	向前进给或快速向前	横向丝杠	SQ3	KM3	M2 正转
向后	向后进给或快速向后	横向丝杠	SQ4	KM4	M2 反转
中间	升降或横向停止	横向丝杠	—	—	停止

将十字形手柄扳至"向上"位置，SQ4 的常闭触点 SQ4-2 先断开，常开触点 SQ4-1 后闭合→KM4 线圈经 13—27—29—19—21—31—33 路径通电→电动机 M2 反转→工作台向上运动。

③ 进给变速冲动。与主轴变速时一样，进给变速时也需要使电动机 M2 瞬间点动一下，使齿轮易于啮合。进给变速冲动由行程开关 SQ2 控制，在操纵进给变速手柄和变速盘（图 3-1）时，瞬间压动了行程开关 SQ2，在 SQ2 通电的瞬间，其常闭触点 SQ2-1（13—15）先断开，常开触点 SQ2-2（15—23）后闭合，使 KM3 线圈经 13—27—29—19—17—15—23—25 路径通

电，电动机 M2 正向点动。由 KM3 的通电路径可见，只有在进给操作手柄均处于零位（即 SQ3～SQ6 均不动作）时，才能进行进给变速冲动。

④ 工作台快速进给的操作。要使工作台在 6 个方向上快速进给，在按常速进给的操作方法操纵进给控制手柄的同时，还要按下快速进给按钮 SB3 或 SB4（两地控制），使 KM2 线圈通电，其常闭触点（105—109）切断 YC2 线圈支路，常开触点（105—111）接通 YC3 线圈支路，使机械传动机构改变传动比，实现快速进给。由于与 KM1 的常开触点（7—13）并联了 KM2 的一个常开触点，所以在电动机 M1 不启动的情况下，也可以进行快速进给。

（3）圆工作台的控制。在需要加工弧形槽、弧形面和螺旋槽时，可以在工作台上加装圆工作台。圆工作台的回转运动也是由进给电动机 M2 拖动的。在使用圆工作台时，将控制开关 SA2 扳至"接通"的位置，此时 SA2-2 接通而 SA2-1、SA2-3 断开。在主轴电动机 M1 启动的同时，KM3 线圈经 13—15—17—19—29—27—23—25 的路径通电，使电动机 M2 正转，带动圆工作台旋转运动（圆工作台只需要单向旋转）。由 KM3 线圈的通电路径可见，只要扳动工作台进给操作的任何一个手柄，SQ3～SQ6 其中一个行程开关的常闭触点断开，都会切断 KM3 线圈支路，使圆工作台停止运动，这就实现了工作台进给和圆工作台运动的联锁关系。

X62W 型万能铣床
线路分析

圆工作台转换开关 SA2 情况说明如表 3-7 所示。

表 3-7　　　　　　　　　　　　圆工作台转换开关 SA2 情况说明

触点	圆 工 作 台	
	接通	断开
SA2-1	–	+
SA2-2	+	–
SA2-3	–	+

注："+"表示触点闭合，"–"表示触点断开。

3. 照明电路

照明灯 EL 由照明变压器 TC3 提供 24 V 的工作电压，SA4 为灯开关，FU5 提供短路保护。

4. X62W 型万能铣床常见电气故障的诊断与检修

X62W 型万能铣床的主轴运动由主轴电动机 M1 拖动，采用齿轮变换实现调速。在电气原理上不仅保证了上述要求，还在变速过程中采用了电动机的冲动和制动。

铣床的工作台应能够进行前、后、左、右、上、下 6 个方向的常速进给和快速进给运动，同样，工作台的进给也需要变速，变速也是采用变换齿轮来实现的，电气控制原理与主轴变速相似。因为其控制是由电气和机械系统配合进行的，所以在出现工作台进给运动的故障时，如果逐个检查机电系统的部件，就难以尽快查出故障所在。可依次进行其他方向的常速进给、快速进给、进给变速冲动和圆工作台的进给控制试验，逐步缩小故障范围，分析故障原因，然后在故障范围内逐个检查电气元件、触点、接线和接点。在检查时，还应考虑机械磨损或移位使操纵失灵等非电气的故障原因。这部分电路的故障较多，下面仅以一些较典型的故障为例来进行分析。

由于万能铣床的机械操纵与电气控制配合十分密切，因此调试与维修时，不仅要熟悉电气原理，还要对机床的操作与机械结构，特别是机电配合有足够的了解。下面对 X62W 型万能铣床常见电气故障分析及故障处理的一些方法与经验进行归纳和总结，如表 3-8 所示。

表 3-8　　　　　　　　　　　　X62W 型万能铣床常见电气故障的诊断与检修

故障现象	故障分析	故障排除方法
主轴停止时没有制动作用	① 电磁离合器 YC1 不工作，工作台能常速进给和快速进给。 ② 电磁离合器 YC1 不工作，工作台能常速进给和快速进给。电磁离合器 YC1 不工作，且工作台无常速进给和快速进给	① 检查电磁离合器 YC1，如 YC1 线圈有无断线、接点有无接触不良等。此外还应检查控制按钮 SB5 和 SB6。 ② 重点检查整流器中的 4 个整流二极管是否损坏或整流电路有无断线
主轴换刀时无制动	转换开关 SA1 经常被扳动，其位置发生变动或损坏，导致接触不良或断路	调整转换开关的位置或予以更换
按下主轴停止按钮后，主轴电动机不能停止	故障的主要原因可能是 KM1 的主触点熔焊	检查接触器 KM1 主触点是否熔焊，并予以修复或更换
工作台各个方向都不能进给	① 电动机 M2 不能启动，电动机接线脱落或电动机绕组断线。 ② 接触器 KM1 不吸合。 ③ 接触器 KM1 主触点接触不良或脱落。 ④ 经常扳动操作手柄，开关受到冲击，行程开关 SQ3～SQ6 位置发生变动或损坏。 ⑤ 变速冲动开关 SQ2-1 在复位时，不能闭合接通或接触不良	① 检查电动机 M2 是否完好，并予以修复。 ② 检查接触器 KM1，控制变压器一、二次绕组，电源电压是否正常，熔断器是否熔断，并予以修复。 ③ 检查接触器主触点，并予以修复。 ④ 调整行程开关的位置或予以更换。 ⑤ 调整变速冲动开关 SQ2-1 的位置，检查触点情况，并予以修复或更换
主轴电动机不能启动	① 电源不足、熔断器熔断、热继电器触点接触不良。 ② 启动按钮损坏、接线松脱、接触不良或线圈断路。 ③ 变速冲动开关 SQ1 的触点接触不良，开关位置移动或撞坏。 ④ 电动机 M1 的容量较大，导致接触器 KM1 的主触点、SA3 的触点被熔化或接触不良	① 检查三相电源、熔断器、热继电器的触点的接触情况，并给予相应的处理。 ② 更换按钮，紧固接线，检查与修复线圈。 ③ 检查冲动开关 SQ1 的触点，调整开关位置，并予以修复或更换。 ④ 检查接触器 KM1 和相应开关 SA3，并予以调整或更换
主轴电动机不能冲动（瞬时转动）	行程开关 SQ1 经常受到频繁冲击，使开关位置改变、开关底座被撞碎或接触不良	修复或更换开关，调整开关动作行程
进给电动机不能冲动（瞬时转动）	行程开关 SQ2 经常受到频繁冲击，使开关位置改变、开关底座被撞碎或接触不良	修复或更换开关，调整开关动作行程
工作台能向左、向右进给，但不能向前、向后、向上、向下进给	① 行程开关 SQ3、SQ4 经常被压合，使螺钉松动、开关位移、触点接触不良、开关机构卡住或线路断开。 ② 行程开关 SQ5-2、SQ6-2 被压开，使进给接触器 KM3、KM4 的通电回路均被断开	① 检查与调整 SQ3 或 SQ4，并予以修复或更改。 ② 检查 SQ5-2 或 SQ6-2，并予以修复或更换
工作台能向前、向后、向上、向下进给，但不能向左、向右进给	① 行程开关 SQ5、SQ6 经常被压合，使开关位移、触点接触不良、开关机构卡住或线路断开。 ② 行程开关 SQ5-2、SQ6-2 被压开，使进给接触器 KM3、KM4 的通电回路均被断开	① 检查与调整 SQ5 或 SQ6，并予以修复或更改。 ② 检查 SQ5-2 或 SQ6-2，并予以修复或更换

续表

故障现象	故障分析	故障排除方法
工作台不能快速移动	① 电磁离合器 YC3 由于冲击力大，操作频繁，经常造成铜制衬垫磨损严重，产生毛刺，划伤线圈绝缘层，引起匝间短路，烧毁线圈。 ② 线圈受振动，接线松脱。 ③ 控制回路电源故障或 KM2 线圈断路、短路。 ④ 按钮 SB3 或 SB4 接线松动、脱落	① 如果铜制衬垫磨损，则更换电磁离合器 YC3；重新绕制线圈，并予以更换。 ② 紧固线圈接线。 ③ 检查控制回路电源及 KM2 线圈情况，并予以修复或更换。 ④ 检查按钮 SB3 或 SB4 的接线，并予以紧固

 注　意

　　如果在按下停止按钮后，KM1 不释放，则可断定故障是由 KM1 主触点熔焊引起的。此时电磁离合器 YC1 正在对主轴起制动作用，会造成电动机 M1 过载，并产生机械冲击。所以一旦出现这种情况，应该马上松开停止按钮，进行检查，否则会很容易烧坏电动机。

【拓展阅读】李刚：蒙上眼睛，方寸间插接百条线路

　　盾构机作为开凿地下隧道的"终极武器"，是地铁建设的重要机械。在中国中铁装备集团的车间里，工匠们要率先制造出世界上独一无二的马蹄形盾构机。这种能够直接开凿出马蹄形隧道的盾构机，相对于传统型盾构机而言，机械构造发生了改变，电路系统也要做出全新布局，电气元件将成倍增加。

　　从世界上第一台盾构机诞生到现在，初始结构的盾构机接线盒虽然曾经有过一代代的高手试图予以改进，但最终还是只能原样不动。中国马蹄形盾构机的整体创新却要求中国工匠必须改变那个全世界同行都未曾撼动过的传统构造，而且这个重大改进是在紧迫的限期内完成的。

　　中国中铁装备集团电气高级技师李刚有一双"长了眼睛"的手。凭着这双手，闭上眼睛也能在狭小的接线盒里把密如蛛网的线路连接得分毫不差。这一次，李刚发起的技术冲击目标依然是世界第一。马蹄形盾构机的电路系统拥有 4 万多根电缆电线，4 100 个元器件，1 000 多个开关，如果其中有一根线接错，一个器件使用有误，就会导致整个盾构机"神经错乱"，甚至线路会被大面积地烧毁。李刚投入的这场技术改进是风险巨大的。而它所要求的精细、精准、精妙，几乎时时在挑战着人类操作的极限。昼夜攻关成了李刚的生活常态。经过 58 天的殚精竭虑，李刚终于设计出了一套与马蹄形盾构机相适应的新型"脑神经系统"。

　　新型接线盒改造成功，此刻距马蹄形盾构机预定的出厂时间也只剩 10 多天了。但李刚的一切相关工作依然是快而不乱，稳中求速，精益求精，质量第一。李刚和工友们的工作成为马蹄形盾构机项目推进的重要保障。2016 年 7 月 17 日，世界首创的中国马蹄形盾构机成功下线，表明中国实现了异型盾构装备生产的全面自主化，也标志着世界异型隧道掘进机研制技术跨入了新阶段。

五、实训操作及视频演示

（一）万能转换开关的拆装

万能转换开关是一种多挡式且能对电路进行多种转换的主令电器，用于各种配电装置的远距离控制，也可作为电气测量仪表的转换开关，或用于小容量电动机的启动、制动、调速和换向的控制。由于触点挡数多，换接的线路多，用途又广泛，故称万能转换开关。

常用型号有 LW2、LW5、LW6 等系列。现以 LW5 万能转换开关为例来介绍其拆装方法。LW5 万能转换开关外形及组成如图 3-19 所示。

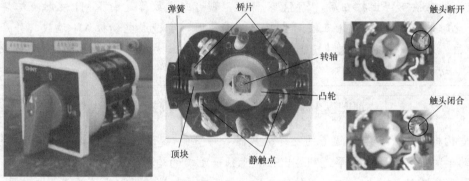

图 3-19　LW5 万能转换开关外形

1. 万能转换开关拆卸步骤

（1）先观察器件特点，考虑拆卸方法和步骤，并做好记录。

（2）依次拆卸螺母、铭牌、上盖、轴套、下盖、静触点、压力弹簧、桥片、顶块、凸轮和凸轮安装座。

（3）用同样方法依次拆卸其他节的静触点、压力弹簧、桥片、顶块、凸轮和凸轮安装座。

（4）取出圆形限位舌板和限位挡板及紧固螺杆。

（5）拆开旋转手柄、锥体、转轴、面板和面板底板。

（6）取下定位装置、上座、弹簧、弹簧座、齿轮。

（7）按要求摆放好拆卸下来的元器件，如图 3-20 所示。

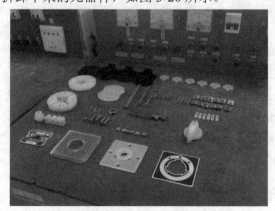

图 3-20　摆放好的 LW5 万能转换开关元器件

2. 万能转换开关安装步骤

（1）装定位装置。

首先在下座上埋入（4 个）螺母并嵌入齿轮，把弹簧和滚轴压入弹簧座，如图 3-21（a）所示，并装入下座、盖上上座，如图 3-21（b）所示。在下座反面埋进（2 个）螺母，之后装上底板，同时要注意底板方向，如图 3-21（c）所示。

接着在面板盖内装入黑、红金属片，将黑金属片紧贴面板盖安装，要求能透过黑金属片上的孔看到红色的圆点，将面板盖压入底板，如图 3-21（d）所示。然后装上转轴、圆锥体和手柄，拧紧螺钉，如图 3-21（e）所示。

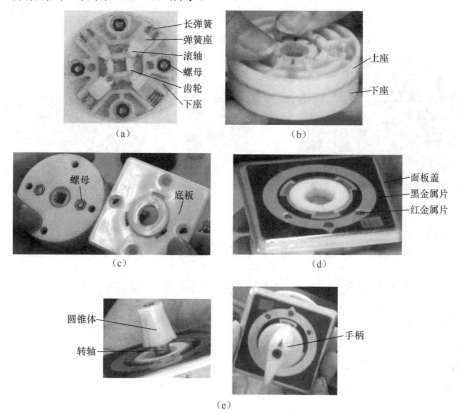

图 3-21　装定位装置

（2）旋入紧固螺杆，触点编号嵌入到凸轮安装座，注意奇、偶数和方向的统一，如图 3-22 所示。

（3）装入舌板和定位挡板，确认挡位数和位置的准确性，如图 3-23 所示。

图 3-22　触点编号安装　　　　图 3-23　装舌板和定位挡板

（4）安装凸轮安装座（编号需与面板方向一致），要一节一节地安装。第一节凸轮安装座里是 1-2、3-4 两对触点；第二节凸轮安装座里是 5-6、7-8 两对触点；第三节凸轮安装座里是 9-10、11-12 两对触点；其他依此类推。在完成一节凸轮安装座的安装时，首先装入两个凸轮，先装的凸轮控制编号小数字侧的触点，后装的凸轮控制编号大数字侧的触点，凸轮方向按技术要求安装；再装入顶块。控制编号小数字侧的实心在下，控制编号大数字侧的实心在上；装上桥片，将桥片上的触点（动触点）朝转轴安装；再装上触点压力弹簧和静触点，编号小数字侧的静触点折弯了一次，编号大数字侧的静触点折弯了两次，这样就完成了一节凸轮安装座的安装，如图 3-24 所示。重复本步骤，完成所有凸轮安装座的安装，

编号小数字侧指 1-2、5-6、9-10、…上方触点对，编号大数字侧指 3-4、7-8、11-12、…下方触点对。

（5）依次安装下盖、轴套，然后装上上盖和铭牌，拧紧螺母，如图 3-25 所示。

图 3-24　安装凸轮安装座

图 3-25　轴套、下盖、上盖、铭牌的安装

3. 试验

安装完毕，经检查无误，动作灵活，再用万用表欧姆挡检查各触点是否接触良好，才能使用。

（二）三相异步电动机 Y-△降压启动控制电路的接线运行

1. 电气原理图

电动机 Y-△降压启动控制电路电气原理图如图 3-26 所示。根据原理图在网孔板上对电气元件进行布局，布置图如图 3-27 所示。

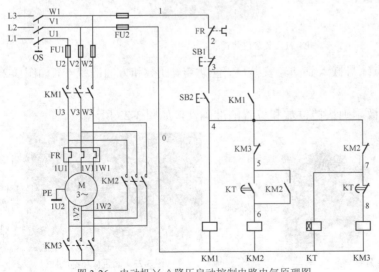

图 3-26　电动机 Y-△降压启动控制电路电气原理图

图 3-27　电动机 Y-△降压启动控制电路元器件布置图

2. 系统电路接线

系统电路接线分为主电路接线和控制电路接线。

（1）主电路接线。

①主电路丫（星形）连接电路。

a. 从电源引出 L1、L2、L3 三相至断路器 QS 的进线端。

b. 从断路器 QS 的出线端引出 U1、V1、W1 接至熔断器 FU1 的进线端。

c. 从熔断器 FU1 的出线端引出 U2、V2、W2 接至交流接触器 KM1 主触点的 3 个进线端。

d. 从交流接触器 KM1 主触点的 3 个出线端引出 U3、V3、W3 接至热继电器 FR 热元件的 3 个进线端。

e. 从热继电器 FR 热元件的 3 个出线端引出接至端子排 XT 上的 1U1、1V1、1W1。

f. 从端子排 XT 上的 1U1、1V1、1W1 对应的出线端分别接至三相电动机的 1U1、1V1、1W1 3 个接线柱，为后续接入电动机做准备。

g. 从端子排 XT 上引出 1U2、1V2、1W2 分别接至交流接触器 KM3 主触点的进线端，端子排的另一端为后续接入电动机做准备。

h. 交流接触器 KM3 主触点的 3 根出线端的线路短接，此时主电路当中电动机的线圈是丫连接。

② 主电路△（三角形）连接电路。

a. 从交流接触器 KM1 主触点的出线端分别引出 U3、V3、W3 按从左至右的顺序依次接至交流接触器 KM2 的进线端。

b. 从交流接触器 KM2 的出线端 U 相接至 KM3 的进线端 V 相，KM2 出线端 V 相接至 KM3 的进线端 W 相，KM2 出线端 W 相接至 KM3 的进线端 U 相，完成 KM2 和 KM3 相序完全对调，此时主电路当中电动机的线圈是△连接。

以上线路接线过程中 U、V、W 要分别对应。

（2）控制电路接线。

① 从主电路中断路器 QS 的出线端引出 W1、V1 两相至熔断器 FU2 的进线端。

② 从熔断器 FU2 的右位出线端引出 1 号线接至热继电器 FR 常闭触点的进线端。

③ 从热继电器 FR 常闭触点的出线端引出 2 号线接至端子排 XT，从端子排 XT 上 2 号线对应的出线端引出接至常闭按钮 SB1 的进线端。

④ 从常闭按钮 SB1 的出线端引出 3 号线接至常开按钮 SB2 的进线端。

⑤ 从常开按钮 SB2 的出线端引出 4 号线接至交流接触器 KM1 线圈的进线端。

⑥ 从交流接触器 KM1 线圈的出线端引出 0 号线接至熔断器 FU2 左位的出线端，形成回路。

⑦ 自锁电路的接线。从常开按钮 SB2 的进线端引出 3 号线接至端子排 XT，从端子排 XT 上 3 号线对应的出线端引出 3 号线接至交流接触器 KM1 辅助常开触点的进线端；从交流接触器 KM1 辅助常开触点的出线端引出 4 号线接至端子排 XT，从端子排 XT 上 4 号线对应的出线端引出 4 号线接至常开按钮 SB2 的出线端。

⑧ 电动机△（三角形）启动的控制电路的接线。

a. 从交流接触器 KM2 辅助常闭触点的进线端引出 4 号线接至交流接触器 KM3 辅助常闭触点的进线端。

b. 从交流接触器 KM3 辅助常闭触点的出线端引出 5 号线接至时间继电器 KT 延时常开触点的进线端。

c. 从时间继电器 KT 延时常开触点的出线端引出 6 号线接至交流接触器 KM2 线圈的进线端。

d. 从交流接触器 KM2 线圈的出线端引出 0 号线接至交流接触器 KM1 线圈的出线端。

e. 将 KM2 辅助常开触点并联至 KT 延时常开触点的两端，完成对 KM2 线圈自锁部分的接线。

⑨ 电动机 丫 启动的控制电路的接线。

a. 从交流接触器 KM1 辅助常开触点的出线端引出 4 号线接至交流接触器 KM2 辅助常闭触点的进线端。

b. 从交流接触器 KM2 辅助常闭触点的出线端引出 7 号线接至时间继电器 KT 线圈的进线端。

c. 从时间继电器 KT 线圈的出线端引出 0 号线接至交流接触器 KM1 线圈的出线端。

d. 从时间继电器 KT 线圈的进线端引出 7 号线接至时间继电器 KT 延时常闭触点的进线端。

e. 从时间继电器 KT 延时常闭触点的出线端引出 8 号线接至交流接触器 KM3 线圈的进线端。

f. 从交流接触器 KM3 线圈的出线端引出 0 号线接至时间继电器 KT 线圈的出线端，完成对 KM3 线圈的控制回路。

电动机 丫-△降压启动控制电路实物图如图 3-28 所示。（线路的工艺要求与项目二中实训项目的线路工艺要求一致）

丫-△降压启动主电路接线

丫-△降压启动控制电路接线及功能

图 3-28　电动机 丫-△降压启动控制电路实物图

3. 电路的运行调试

系统电路完成接线之后，需要对线路进行检查，分为通电前检查和通电后检查。

（1）通电前检查。首先进行通电前检查，用万用表的二极管挡位或者电阻挡位，应用观察法和电阻法等进行确认。

① 首先检查电气设备有无短路问题。

② 检查元器件是否安装正确、牢固可靠。

③ 检查线号标注正确合理，有无漏错。

④ 检查布线是否正确合理，有无漏错。

以上确认无误后，方可通电。

（2）电气控制电路的调试及通电后检查。

对系统电路进行调试，正确操作电气设备控制电路，合上开关 QS，按下 丫 启动按钮 SB2，KM1 线圈得电，同时，时间继电器 KT 与 KM3 线圈得电，电动机 M 的线圈为 丫 连接方式，此时电动机是在 Y 连接方式下运行，当时间继电器 KT 定时时间到，其延时常闭触点断开，延时常开触点闭合，KM3 线圈失电，KM2 线圈得电，并形成自锁，并且时间继电器 KT 失电，此时，电动机 M 的线圈为 △（三角形）连接方式，此时电动机由原来的 Y 连接切换到在 △ 连接方式下运行。检查控制动作与工作过程是否正常；如不正常，用万用表的交流电压 500V 挡位来检查，可以采用分段电压法和分阶电压法等测量，进行通电检查。

（三）电动机能耗制动控制电路的接线运行

1. 电气原理图

电动机能耗制动控制电气原理图如图 3-29 所示。根据原理图在网孔板上对电气元件进行布局，布置图如图 3-30 所示。

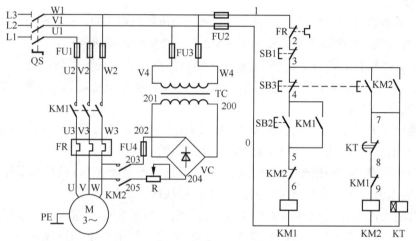

图 3-29 电动机能耗制动控制电气原理图

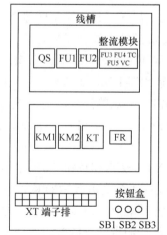

图 3-30 电动机能耗制动控制元器件布置图

2. 系统电路接线

系统电路接线分为主电路接线和控制电路接线。

（1）主电路接线。

① 从电源引出 L1、L2、L3 三相至断路器 QS 的进线端。

② 从断路器 QS 的出线端引出 U1、V1、W1 接至熔断器 FU1 的进线端。

③ 从熔断器 FU1 的出线端引出 U2、V2、W2 接至交流接触器 KM1 主触点的 3 个进线端。

④ 从交流接触器 KM1 主触点的 3 个出线端引出 U3、V3、W3 接至热继电器 FR 热元件的 3 个进线端。

⑤ 从热继电器 FR 热元件的 3 个出线端引出接至端子排 XT 上的 U、V、W。

⑥ 从端子排 XT 上的 U、V、W 接至三相电动机，完成电动机 M 的接地。

⑦ 从主电路中电源开关 QS 的出线端引出 V1、W1 两相至熔断器 FU3 的进线端，从熔断器 FU3 的出线端接至变压器 TC 的一次绕组进线端 V4、W4。（本实验接线中运用已经集成装配好的变压器整流模块来获取能耗制动所需的直流输出电源）

⑧ 经过集成模块的变压与桥式整流后，从整流输出端的正极引出 202 号线接至熔断器 FU4 的进线端。

⑨ 从熔断器 FU4 的出线端引出 203 号线接至交流接触器 KM2 主触点的进线端；从整流模块的负极引出 204 号线接至交流接触器 KM2 第二个主触点的进线端。

⑩ 从交流接触器 KM2 已经接好的两个主触点的出线端分别接至 W 相和 V 相，由交流接触器 KM2 主触点的通断控制直流电源的接入和断开，实现电动机的能耗制动控制。

（2）控制电路接线。

① 从熔断器 FU1 的进线端引出 W1、V1 两相至熔断器 FU2 的进线端；从熔断器 FU2 的右位出线端引出 1 号线接至热继电器 FR 常闭触点的进线端。

② 从热继电器 FR 常闭触点的出线端引出 2 号线接至端子排 XT；从端子排 XT 上 2 号线对应的出线端引出 2 号线接至常闭按钮 SB1 的进线端。

③ 从常闭按钮 SB1 的出线端引出 3 号线接至常闭按钮 SB3 的进线端；从常闭按钮 SB3 的出线端引出 4 号线接至常开按钮 SB2 的进线端，从常开按钮 SB2 的进线端引出 4 号线接至端子排 XT。

④ 从常开按钮 SB2 的出线端引出 5 号线接至端子排 XT；从端子排 XT 上 4 号线对应的出线端接至交流接触器 KM1 辅助常开触点的进线端。

⑤ 从交流接触器 KM1 辅助常开触点的出线端引出 5 号线接至端子排 XT；从端子排 XT 上 5 号线对应的出线端接至交流接触器 KM2 辅助常闭触点的进线端。

⑥ 从交流接触器 KM2 辅助常闭触点的出线端引出 6 号线接至交流接触器 KM1 线圈的进线端；从交流接触器 KM1 线圈的出线端引出 0 号线接至熔断器 FU2 左位的出线端。

⑦ 从常闭按钮 SB3 的进线端引出 3 号线接至常开按钮 SB3 的进线端；从常开按钮 SB3 的出线端引出 7 号线接至端子排 XT；从常闭按钮 SB1 的出线端引出 3 号线接至端子排 XT；从端子排 XT 上 3 号线对应的出线端接至交流接触器 KM2 辅助常开触点的进线端。

⑧ 从交流接触器 KM2 辅助常开触点的出线端引出 7 号线接至端子排 XT。

⑨ 从交流接触器 KM2 辅助常开触点的出线端引出 7 号线接至时间继电器 KT 延时常闭触点的进线端；从时间继电器 KT 延时常闭触点的出线端引出 8 号线接至交流接触器 KM1 辅助常闭触点的进线端；从交流接触器 KM1 辅助常闭触点的出线端引出 9 号线接至交流接触器 KM2 线圈的进线端。

⑩ 从交流接触器 KM2 线圈的出线端引出 0 号线接至交流接触器 KM1 线圈的出线端；从时间继电器 KT 线圈的进线端引出 7 号线接至端子排 XT；从时间继电器 KT 线圈的出线端

引出 0 号线接至交流接触器 KM2 线圈的出线端。

电动机能耗制动控制电路实物图如图 3-31 所示。

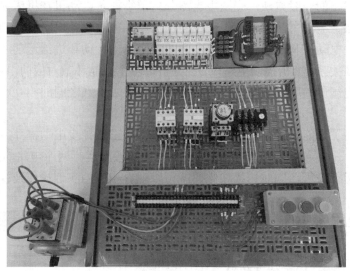

图 3-31 电动机能耗制动控制电路实物图

3. 电路的运行调试

线路的工艺要求与电动机点动控制的接线运行中线路的工艺要求一致。

系统电路完成接线之后，需要对线路进行检查，分为通电前检查和通电后检查。

（1）通电前检查与电动机点动控制的接线运行中通电前检查一致，确认无误后，方可通电。

（2）电气控制电路的调试及通电后检查。对系统电路进行调试，正确操作电气设备控制电路，先合上电源开关 QS，按下启动按钮 SB2，KM1 线圈得电，电动机 M 启动；松开按钮 SB2，因 KM1 线圈与 KM1 辅助常开触点形成自锁，电动机 M 持续运转；因 KM1 线圈得电，其辅助常闭触点 KM1 断开，故此过程 KM2 线圈不可能得电。按下制动按钮 SB3，KM1 线圈断电，KM2 线圈得电，KM2 主触点闭合，电动机 M 接入直流电源开始能耗制动，电动机 M 转速迅速下降，待转速接近零时，时间继电器 KT 的延时时间到，其延时常闭触点断开，KM2 线圈断电，KM2 主触点断开，能耗制动结束；松开按钮 SB3，最后阶段电动机 M 自由停止。若在电动机 M 运转时，按下停止按钮 SB1，KM1 和 KM2 线圈均失电，电动机 M 停止。检查控制动作与工作过程是否正常；如不正常，用万用表的交流电压 750V 挡位来检查，可以采用分段电压法和分阶电压法等测量，进行通电检查。

三相异步电动机能耗制动主电路接线

三相异步电动机能耗制动控制电路接线及功能

 项目小结

本项目首先介绍常用低压电器转换开关、万能转换开关、电磁离合器的结构原理及选用，接着讲述了三相异步电动机降压启动控制电路、三相异步电动机制动控制电路的组成及工作原理，要求会设计并分析电动机 丫-△降压启动控制电路以及三相异步电动机能耗制动控制电路。项目对正反转 丫-△降压启动控制电路、正反转制动控制电路也做了详细介绍。

本项目介绍了 X62W 型万能铣床的主要结构和运动形式，讲述了 X62W 型万能铣床电力拖动特点并对电气控制电路进行了分析。在分析 X62W 型万能铣床的电气控制电路时，应掌握分析机床电气线路的一般方法：先从主电路分析，掌握各电动机在机床中所起的作用、启动方法、调速方法、制动方法以及各电动机的保护，并应注意各电动机控制的运动形式之间的相互关系，如主电动机和冷却泵电动机之间的顺序，主运动和进给运动之间的顺序，各进给方向之间的联锁关系。分析控制电路时，应分析每一个控制环节对应的电动机的相关控制，还应关注机械和电气上的联锁关系，注意各控制环节中，电气之间的相互联锁，以及电路中的保护环节。

本项目还讲述了万能转换开关的拆装方法与步骤；三相异步电动机 丫—△ 降压启动控制电路的接线运行、三相异步电动机能耗制动控制电路的接线运行两个电路的接线方法、步骤、工艺要求及调试运行过程，同时扫描二维码就可以观看相应的实训操作及视频演示。

 ## 习题及思考

1．电磁离合器主要由哪几部分组成？工作原理是什么？

2．什么是降压启动？三相笼型异步电动机常采用哪些降压启动方法？

3．一台电动机采用 丫-△ 接法，允许轻载启动，设计满足下列要求的控制电路。

（1）采用手动和自动控制降压启动。

（2）实现连续运转和点动工作，并且当点动工作时要求处于降压状态工作。

（3）具有必要的联锁和保护环节。

4．分析图 3-12 按时间原则控制的可逆运行能耗制动控制电路的工作原理。

5．试述万能转换开关的拆装步骤。

6．有一皮带廊全长 40 m，输送带采用 55 kW 电动机进行拖动，试设计其控制电路。设计要求如下。

（1）电动机采用 丫-△ 降压启动控制。

（2）采用两地控制方式。

（3）加装启动预告装置。

（4）至少有一个现场紧停开关。

7．铣床在变速时，为什么要进行冲动控制？

8．X62W 型万能铣床具有哪些联锁和保护？为何要有这些联锁与保护？

9．X62W 型万能铣床工作台运动控制有什么特点？在电气与机械上是如何实现工作台运动控制的？

10．简述 X62W 型万能铣床圆工作台电气控制的工作原理。

11．万能铣床的常见电气故障类型有哪些？如何分析与处理这些电气故障？

12．分析铣床工作台能向前、向后、向上、向下进给，但不能向左、向右进给的故障。

项目四　卧式镗床电气控制

学习目标

1. 熟悉速度继电器及双速异步电动机的结构和工作原理。
2. 会设计和分析双速异步电动机调速控制电路，并能进行安装调试与故障维修。
3. 掌握电动机多地控制的原理与设计这类控制电路的特点与技巧。
4. 掌握 T68 型镗床的组成与运动规律及电气控制要求。
5. 能够识读及分析 T68 型镗床电气原理图、安装图。
6. 会检修 T68 型镗床的常见电气故障。
7. 了解电气控制系统日常维护及排除故障的方法。
8. 会运用电压测量法、电阻测量法、短接法等进行电气线路故障的检查。
9. 培养学生的家国情怀、文化自信和环保意识，强化严谨认真、精益求精、勤恳敬业等工匠精神。

一、项目简述

镗床是用于孔加工的机床，与钻床比较，镗床主要用于加工精确的孔和各孔间的距离要求较精确的零件，如一些箱体零件（机床主轴箱、变速箱等）。镗床的加工形式主要是用镗刀镗削在工件上已铸出或已粗钻的孔，除此之外，大部分镗床还可以进行铣削、钻孔、扩孔、铰孔等加工。

镗床主要有卧式镗床、坐标镗床、金刚镗床、专用镗床等类型，其中，卧式镗床应用最广。本项目介绍 T68 型卧式镗床的电气控制电路。

T68 型卧式镗床型号的含义如下。

$$T \quad 6 \quad 8$$

镗轴直径为 85mm
卧式
镗床

T68 型卧式镗床

【拓展阅读】胡双钱：匠心筑梦大飞机

核准、划线、钻孔，握着进给变速手柄加工零件、用镗刀镗削精确的孔、不断优化工艺……作为中国商飞公司总装制造中心零件加工中心数控车间的一名高级技师，胡双钱日复一日、全神贯注地进行这些工作已 40 多年。1980 年，技校毕业的他进入了当时的上海

飞机制造厂，参与中国人在民用航空领域的第一次伟大尝试——研制"运-10"，并见证了"运-10"成功飞上蓝天。自此，那一幕就深深印刻在他的脑海里。

2008年，我国C919大型客机项目启动研制，中国人的大飞机梦再次被点燃。由于飞机处于研制和试飞阶段，经常会遇到不能或来不及使用数控机床加工的特制零件、首制零件加工任务，胡双钱几十年的积累和沉淀开始发挥作用。一次，他接到了需要加工ARJ21新支线飞机起落架钛合金作动筒接头特制件的紧急加工任务。此接头零件外形复杂，孔数量多达30余个，孔径小、精度高，而且工艺要求高、加工烦琐、时间节点紧，老胡临危受命，他拿到零件和工装样板后，反复比对，进行精孔定位，再采用不同尺寸刀具逐级扩孔、配合间歇性冷却，最终确保零件高精度、高效率完成，并且一次性通过检验，送机安装。多年来，他始终坚持在生产第一线，以敬业的职业素养，严谨的工作态度，精湛的加工技艺诠释了大飞机人的坚守和奉献。2009年，默默奉献的老胡获得了全国五一劳动奖章，2015年4月底被评为全国劳动模范，并登上5月2日央视新闻联播头条，成为举国关注的"大国工匠"。

（一）T68型卧式镗床的主要结构和运动形式

T68型卧式镗床主要由床身、前立柱、主轴箱、工作台、后立柱、后支撑架等部分组成。其结构如图4-1所示。

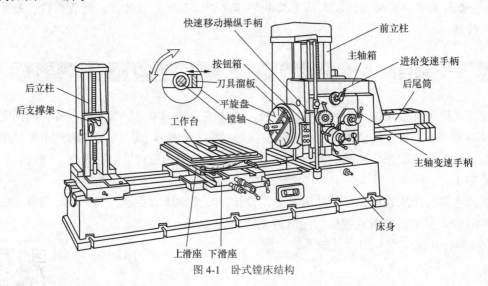

图4-1　卧式镗床结构

T68型卧式镗床的运动形式如下。

1. 主运动

主运动为镗轴和平旋盘的旋转运动。

2. 进给运动

进给运动包括以下4项。

（1）镗轴的轴向进给运动。

（2）平旋盘上刀具溜板的径向进给运动。

（3）主轴箱的垂直进给运动。

（4）工作台的纵向和横向进给运动。

3．辅助运动

卧式镗床的组成

辅助运动包括以下 4 项。

（1）主轴箱、工作台等的进给运动上的快速调位移动。

（2）后立柱的纵向调位移动。

（3）后支撑架与主轴箱的垂直调位移动。

（4）工作台的转位运动。

（二）卧式镗床的电力拖动形式和控制要求

（1）卧式镗床的主运动和进给运动都用同一台异步电动机拖动。为了适应各种形式和各种工件的加工，要求镗床的主轴有较宽的调速范围，因此多采用由双速或三速笼型异步电动机拖动的滑移齿轮有级变速系统。采用双速或三速电动机拖动，可简化机械变速机构。目前，采用电力电子器件控制的异步电动机无级调速系统已在镗床上获得广泛应用。

（2）镗床的主运动和进给运动都采用机械滑移齿轮变速，为有利于变速后齿轮的啮合，要求有变速冲动。

（3）要求主轴电动机能够正反转，可以点动进行调整，并要求有电气制动，通常采用反接制动。

（4）卧式镗床的各进给运动部件要求能快速移动，一般由单独的快速进给电动机拖动。

 二、低压电器相关知识

下面具体介绍与本项目相关的知识：速度继电器和双速异步电动机等内容。

（一）速度继电器

因为速度继电器是反映转速和转向的继电器，主要用于笼型异步电动机的反接制动控制，所以也称为反接制动继电器。它主要由转子、定子和触点 3 部分组成：转子是一个圆柱形永久磁铁；定子是一个笼形空心圆环，由硅钢片叠成，并装有笼形绕组；触点由两组转换触点组成，一组在转子正转时动作，另一组在转子反转时动作。图 4-2 所示为 JY1 型速度继电器的外形及结构原理。速度继电器在电路中的图形符号如图 4-3 所示。

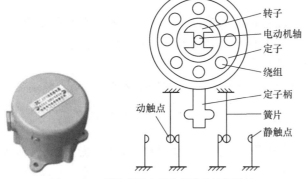

图 4-2 JYI 型速度继电器的外形及结构原理

图 4-3 速度继电器图形符号

速度继电器工作原理：速度继电器转子的轴与被控电动机的轴相连接，而定子空套在转子上。当电动机转动时，速度继电器的转子随之转动，定子内的短路导体切割磁场，产生感应电动势，从而产生电流。此电流与旋转的转子磁场作用产生转矩，于是定子开始转动，当转到一定角度时，装在定子轴上的摆锤推动簧片动作，使常闭触点断开，常开触点闭合。当电动机转速低于某一值时，定子产生的转矩减小，触点在弹簧作用下复位。速度继电器一般在转速 120r/min 以上时，触点动作；在转速 100r/min 以下时，触点复位。

（二）双速异步电动机

1. 双速异步电动机简介

双速异步电动机的调速属于异步电动机变极调速，变极调速主要用于调速性能要求不高的场合，如铣床、镗床、磨床等机床及其他设备上。所需设备简单、体积小、质量轻，但电动机绕组引出头较多，调速级数少，级差大，不能实现无级调速。它主要是通过改变定子绕组的连接方法来改变定子旋转磁场磁极对数，从而改变电动机的转速。

2. 变极调速原理

变极原理：定子一半绕组中电流方向变化，磁极对数成倍变化，如图 4-4 所示。每相绕组由两个线圈组成，每个线圈看作一个半相绕组。若两个半相绕组顺向串联，则电流同向，可产生 4 极磁场。其中一个半相绕组电流反向，可产生 2 极磁场。

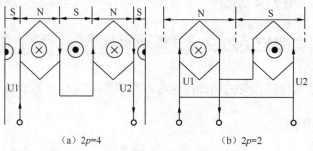

（a）$2p=4$ （b）$2p=2$

图 4-4 变极调速电动机绕组展开示意图

根据 $n_1=60f/p$ 可知，在电源频率不变的条件下，异步电动机的同步转速与磁极对数成反比，磁极对数增加一倍，同步转速 n_1 下降至原转速的一半，电动机额定转速 n 也将下降近似一半，因此改变磁极对数可以达到改变电动机转速的目的。

【拓展阅读】掌握电动机调速技术——达成节能降碳目标

我国要加快发展方式绿色转型，发展绿色化、低碳化是实现高质量发展的关键环节。而在工业控制领域和日常生活中，由电动机运行控制方式不当造成的能源浪费不胜枚举，因此完善电动机调速技术以节约能源非常关键。

双速异步电动机的变极调速相对于单速异步电动机而言，其调速性能较好，能满足如镗床、铣床等调速性能要求不高的场合，但是对于调速性能要求更高的精密加工和控制情况，则需要其他电气控制技术实现。

随着新型电力电子器件和高性能微处理器的应用以及控制技术的发展，交流电动机变频调速已成为当代电机调速的潮流，如图 4-5 所示，它以体积小、质量轻、转矩大、

精度高、功能强、可靠性高、操作简便、便于通信等特点，在电力、钢铁、石油、机械、纺织、煤炭等多行业得到普遍应用。未来，电动机调速技术也将朝着智能化、一体化、操作简便、功能健全、安全可靠、节能环保、低成本、小型化的方向持续发展。

图 4-5 电机变频调速

3. 双速异步电动机定子绕组的连接方式

双速异步电动机定子绕组的形式有 2 种，分别为 Y-YY 和△-YY，如图 4-6 所示。这 2 种形式都能使电动机极数减少一半。

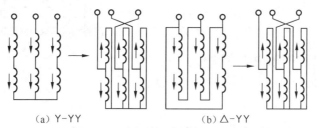

（a）Y-YY   （b）△-YY

图 4-6 双速异步电动机定子绕组的连接方式

当变极前后绕组与电源的接线如图 4-6 所示时，变极前后电动机转向相反。因此，若要使变极后电动机保持原来的转向不变，就应调换电源相序。

本项目介绍的是最常见的单绕组双速异步电动机，转速比等于磁极倍数比，如 2 极/4 极、4 极/8 极，从定子绕组△接法变为 YY 接法，磁极对数从 $p=2$ 变为 $p=1$，因此转速比等于 2。

 ## 三、电气控制电路相关知识

（一）双速异步电动机调速控制电路

双速异步电动机调速控制是不连续变速，改变变速电动机的多组定子绕组接法，可改变电动机的磁极对数，从而改变其转速。

根据变极调速原理"定子一半绕组中电流方向变化，磁极对数成倍变化"，在图 4-7（a）中将绕组的 U1、V1、W1 这 3 个端子接三相电源，将 U2、V2、W2 这 3 个端子悬空，三相定子绕组接成三角形（△）。这时每相的两个绕组串联，电动机以 4 极运行，为低速。在

图 4-7（b）中将 U2、V2、W2 这 3 个端子接三相电源，U1、V1、W1 连成星形，三相定子绕组连接成双星形（YY）。这时每相 2 个绕组并联，电动机以 2 极运行，为高速。根据变极调速理论，为保证变极前后电动机转动方向不变，要求变极的同时改变电源相序。

1. 双速异步电动机主电路

如图 4-8 所示，接触器 KM1 得电，定子绕组 U1、V1、W1 接电源，U2、V2、W2 悬空，绕组为三角形接法，电动机为低速；接触器 KM3、KM2 得电，定子绕组 U1、V1、W1 短接，U2、V2、W2 接电源，绕组接成双星形，电动机为高速。

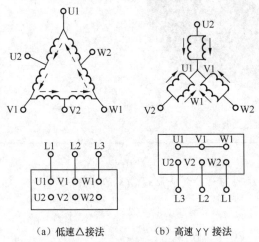

（a）低速△接法　　　　（b）高速 YY 接法
图 4-7　4/2 极△/YY 的双速异步电动机定子绕组接线

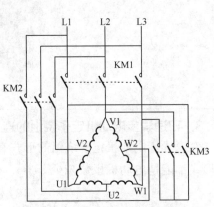

图 4-8　4/2 极的双速交流异步电动机主电路

2. 双速异步电动机按钮控制电路

双速异步电动机按钮控制电路如图 4-9 所示。

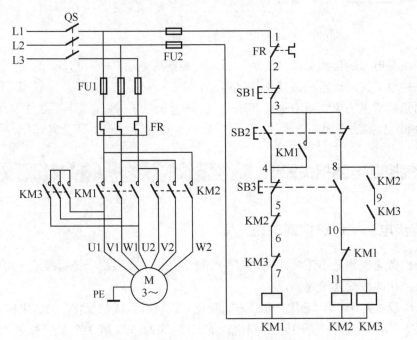

双速异步电动机的工作原理

图 4-9　双速异步电动机按钮控制电路

（1）低速控制工作原理。合上电源开关 QS，按下低速按钮 SB2，接触器 KM1 线圈通电，其自锁和互锁触点动作，实现对 KM1 线圈的自锁和对 KM2、KM3 线圈的互锁。主电路中的 KM1 主触点闭合，电动机定子绕组做三角形连接，电动机低速运转。

（2）高速控制工作原理。合上电源开关 QS，按下高速按钮 SB3，接触器 KM1 线圈断电，在解除其自锁和互锁的同时，主电路中的 KM1 主触点也断开，电动机定子绕组暂时断电。因为 SB3 是复合按钮，常闭触点断开后，常开触点就闭合，此刻接通接触器 KM2 和 KM3 线圈。KM2 和 KM3 自锁和互锁同时动作，完成对 KM2 和 KM3 线圈的自锁及对 KM1 线圈的互锁。KM2 和 KM3 在主电路的主触点闭合，电动机定子绕组做双星形连接，电动机高速运转。

3. 低速直接启动、高速自动加速控制电路

低速直接启动、高速自动加速控制电路如图 4-10 所示。

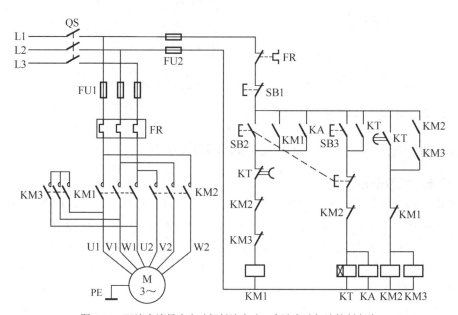

图 4-10　双速交流异步电动机低速启动、高速自动加速控制电路

（1）低速运行。合上电源开关 QS，按下低速启动按钮 SB2，接触器 KM1 线圈得电并自锁，KM1 的主触点闭合，电动机 M 的绕组连接成三角形并以低速运转。由于 SB2 的动断触点断开，所以时间继电器线圈 KT 不得电。

（2）低速启动、高速运行。合上电源开关 QS，按下高速启动按钮 SB3，中间继电器 KA 线圈得电，使 KA 常开触点闭合，接触器 KM1 线圈得电并自锁，电动机 M 连接成三角形低速启动；因为按下按钮 SB3，所以时间继电器 KT 线圈同时得电吸合，KT 瞬时动合触点闭合自锁，经过一定时间后，KT 延时常闭触点分断，接触器 KM1 线圈失电释放，KM1 主触点断开，KT 延时常闭触点闭合，接触器 KM2、KM3 线圈得电并自锁，KM2、KM3 主触点同时闭合，电动机 M 的绕组连接成双星形并以高速运行。

双速异步电动机电气控制电路

（二）多地控制电路

对于多数机床而言，因加工需要，加工人员应该在机床正面和侧面均能进行操作。如图 4-11

所示，SB1、SB2 分别为机床上正面、侧面两地总停开关按钮；SB3、SB4 分别为"电动机 M1 的两地正转启动控制开关；SB5、SB6 分别为电动机 M1 的两地反转启动控制开关。

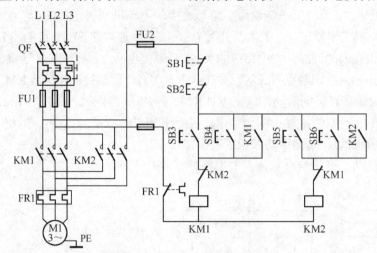

图 4-11　两地控制电动机正反转原理

可见，多地控制的原则是：启动按钮并联，停止按钮串联。

（三）机床电气设备日常维护及排除故障的方法

1. 机床电气设备日常维护

机床电气设备在运行中常常会发生各种故障，轻者使机床停止工作，重者还会造成事故。产生故障的原因是多方面的，有的是由于电气设备的自然寿命引起的，但有相当部分的故障是由于忽视了对电气设备的日常维护和保养，致使小问题发展成大问题而造成的；还有的则是由于操作人员操作不当，或是维修人员维修时判断失误，修理方法不当而加重了故障、扩大了事故范围而引起的。所以，为保证机床的正常运行、减少因电气设备故障进行检修的停机时间，必须重视机床电气设备的日常维护和保养工作。在此简单介绍一些这方面的知识。

机床电气设备主要包括电动机、电器和电路，其维护保养的主要内容和要求如下。

（1）电动机部分。

电动机是机床设备的动力源，一旦发生故障将使机床停止工作。而且电动机的修理往往既费事又费时，因此必须注意做好电动机的日常维护保养工作。

① 电动机应经常保持清洁，进、出风口必须保持畅通，不允许有任何异物或水滴等进入电动机内部。

② 在正常运行时，电动机的负载电流不能超过其额定值。同时，还应检查三相电流是否平衡，三相电流的任何一相与其三相的平均值相差不能超过 10%。

③ 应经常检查电源电压是否与铭牌值相符，并检查电源三相电压是否对称。

④ 经常检查电动机的温升是否超过规定值。

⑤ 经常检查电动机运行时是否有不正常的振动、噪声、气味，有无冒烟，以及电动机的启动是否正常，若有不正常的现象，应立即停机检查。

⑥ 经常检查电动机轴承部位的工作情况，是否有过热、漏油现象；轴承的振动和轴向移动应不超过规定值。

⑦ 经常检查电动机的绝缘电阻，特别是对工作环境条件较差（如工作在潮湿、灰尘大或有腐蚀性气体的环境）的电动机，更应加强检查。一般，三相 380V 的电动机及各种低压电动机的绝缘电阻应不小于 0.5MΩ，高压电动机的定子绝缘电阻应不小于 1MΩ/kV，转子绝缘电阻应不小于 0.5MΩ。如果发现电动机的绝缘电阻低于规定标准，应采用烘干、浸漆等方法处理后，再测量其绝缘电阻，达到要求后才能使用。

⑧ 检查电动机的引出线是否绝缘良好、连接可靠。检查电动机的接地装置是否可靠和完整。

⑨ 对绕线转子异步电动机，应注意检查其电刷与集电环之间的接触压力、磨损情况及有无产生不正常的火花。

⑩ 对直流电动机，则应特别注意其换向器装置的工作情况，检查换向器表面是否光滑圆整，有无机械损伤或火花灼伤。

（2）机床电器外露部件。

① 检查电气柜、壁龛的门、盖、锁及门框周边的耐油密封垫是否保持良好，所有门、盖均应能严密关闭，不能有水、油污、灰尘、金属屑等入内。

② 检查各部件之间的连接电缆及保护导线的软管，注意是否被冷却液、油污等腐蚀。

③ 机床的运行部件（如铣床的升降台）连接电缆的保护软管在使用一段时间后容易在其接头处产生脱落或散头的现象，使其中的电线裸露。在检查时应注意，若发现上述现象应及时修复，防止电线损坏造成短路事故。

④ 应经常擦拭电气控制箱、操纵台的外表，保持其清洁。特别是操纵台上一些主令电器的按钮和操纵手柄，如果经常有油污等进入，容易造成元件损坏而运行失灵，因此应注意保持清洁，并告诉机床操作人员在操作时予以注意。

（3）安装在电气柜、壁龛内的电气元件。

为了安全和不影响机床的正常工作，不可能经常开门进行检查，但可以通过倾听电器动作时的声音来判定工作是否正常，如发现有可疑的、不正常的声音，应立即停机检查。对这些电器元件，更主要的是要做好定期的维护保养工作。维护保养的周期可根据机床电气设备的结构、使用情况及条件等来确定，一般可配合机床的一、二级保养同时进行。电气设备的维护保养工作内容有以下几点。

① 配合机床的一级保养进行电气设备的维护保养工作。金属切削机床的一级保养一般2～3 个月进行一次，可对机床电气柜内的电气元件进行以下保养工作。

a．清扫电气柜内的灰尘和异物，注意有无损坏或即将损坏的电气元件。

b．整理内部接线，使之整齐美观。特别是经过应急修理后来不及整理的，应尽量恢复成原来的整齐状态。

c．检查所有的电气元件的固定螺钉，旋紧螺旋式熔断器。

d．拧紧接线板和电气元件上的压线螺钉，保证所有接线头接触可靠。

e．通电试车，检查电气元件的动作顺序是否正确、可靠。

② 配合机床二级保养进行电气设备的维护保养工作。金属切削机床的二级保养一般在一年左右进行一次，可对机床电气柜内的电气元件进行以下保养工作。

a．前述在机床一级保养时进行的各项保养工作，在二级保养时仍需进行。

b．着重检查运行频繁且电流较大的接触器、继电器的触点。许多电器的触点采用银或银合金制成，这类触点即使表面被烧毛或凹凸不平，都不会影响触点的接触良好，因此不需要进行修整；但如果是铜质触点则应用油光锉修平。另外，如果触点已严重磨损，则应更换新的触点。

c．对于检查时发现动作有明显噪声的接触器、继电器，如不能修复则应更换。

d．校验热继电器的整定值是否适当。

e．校验时间继电器的延时时间是否适当。

f．检查各种开关动作是否正常，检查各类信号指示装置和照明装置是否完好。

（4）注意事项。

① 对机床电气控制电路的各种保护环节（如过载、短路、过电流保护等），在维护时不要随意改变其电器（如热继电器、低压断路器）的整定值和更换熔体。若要进行调整或更换，应按要求选配。

② 要加强在高温、潮湿、严寒季节对电气设备的维护保养。

③ 在进行维护保养时，要注意安全，电气设备的接地或接零必须可靠。

2．机床电气线路故障的检查方法

机床电气控制系统发生故障时，先要对故障现象进行调查，了解故障前后的异常现象。如电动机、变压器线圈是否发热、冒烟，有关电气元件的连线是否松动脱落，熔断器的熔体是否熔断等，从而找出简单故障的部位及元件。对较为复杂的故障，也可确定故障的大致范围。常用的故障检查方法有电压测量法、电阻测量法与短接法。下面以一段有代表性的控制电路为例，说明这几种方法的具体应用。

（1）电压测量法。

图 4-12 所示为分段电压测量示意图。接通电源，按下启动按钮 SB2，正常时，接触器 KM1 吸合并自锁，将万用表拨到交流 500V 挡，对电路进行测量。这时电路中 1—2、2—3、3—4、4—5 各段电压均应为零，5—6 两点电压应为 380V。

① 触点故障。按下按钮 SB2，若 KM1 不吸合，可用万用表测量 1—6 之间的电压，若测得电压为 380V，说明电源电压正常，熔断器是好的。可接着测量 1—5 之间电压，如 1—2 之间电压为 380V，则说明热继电器 FR 保护触点已动作或接触不良，应查找热继电器 FR 所保护的电动机是否过载或热继电器 FR 整定电流是否调得太小，触点本身是否接触不好或连线松脱；如 4—5 之间电压为 380V，则说明 KM2 触点或连接导线有故障，依此类推。

② 线圈故障。若 1—5 之间电压都为零，5—6 之间的电压为 380V，而 KM1 不吸合，则故障是 KM1 线圈或连接导线断开。

除了分段测量法，还有分阶测量法和对地测量法。分阶测量法一般是将电压表的一根表笔固定在线路的一端（如图 4-12 中 6 点），另一根表笔由下而上依次接到 5、4、3、1 各点。正常时，电表读数为电源电压；若无读数，则将表笔逐级上移，当移至某点读数正常，说明该点以前触点或接线完好，故障一般是此点后第一个触点（即刚跨过的触点）或连线断路。因为这种测量方法像上台阶一样，故称为分阶测量法。对地测量法适用于机床电气控制电路接 220V 电压且零线直接接于机床床身的电路检修，根据电路中各点对地电压来判断确定故障点。

（2）电阻测量法。

电阻测量法分为分段测量法和分阶测量法。图 4-13 所示为分段电阻测量示意图。

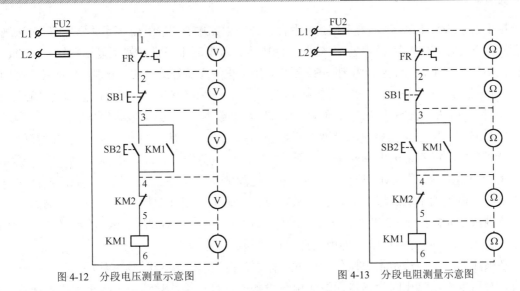

图 4-12　分段电压测量示意图　　　　图 4-13　分段电阻测量示意图

检查时，先断开电源，把万用表拨到电阻挡，然后逐段测量相邻两标号点 1—2、2—3、3—4、4—5 之间的电阻，若测得某两点间电阻很大，说明该触点接触不良或导线断路。若测得 5—6 间电阻很大（无穷大），则线圈断线或接线脱落；若电阻接近零，则线圈可能短路。必须注意，用电阻测量法检查故障时一定要断开电路电源，否则会烧坏万用表；另外，所测电路如果并联了其他电路，所测电阻值就不准确，会产生误导，因此，测量时必须将被测电路与其他电路断开；最后一点是要选择好万用表的量程，如测量触点电阻时，量程不要选得太高，否则，可能掩盖触点接触不良的故障。

（3）短接法。

机床电气设备的故障多为断路故障，如导线断路、虚连、虚焊、触点接触不良，熔断器熔断等。对这类故障，用短接法查找往往比用电压测量法和电阻测量法更为快捷。检查时，只需用一根绝缘良好的导线，将所怀疑的断路部位短接，当短接到某处的电路接通，说明故障就在该处。

① 局部短接法。局部短接法的示意图如图 4-14 所示。

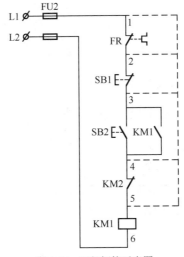

图 4-14　局部短接示意图

按下启动按钮 SB2 时，若 KM1 不吸合，说明电路中存在故障，可运用局部短接法进行检查。检查前，先用万用表测量 1—6 两点间电压，若电压不正常，就不能用短接法检查。在电压正常的情况下，按下启动按钮 SB2 不放，用一根绝缘良好的导线，分别短接标号相邻的两点，如 1—2、2—3、3—4、4—5。当短接到某两点时，KM1 吸合，说明这两点间有断路故障。

② 长短接法。长短接法是用导线一次短接两个或多个触点查找故障的方法。

相对局部短接法，长短接法有两个重要作用和优点。一是在两个以上触点同时接触不良时，局部短接法很容易出现判断错误，而长短接法可避免误判。以图 4-14 为例，先用长短接法将 1—5 短接，如果 KM1 吸合，说明 1—5 这段电路有断路故障，然后用局部短接法或电压测量法、电阻测量法逐段检查，找出故障点；二是可使用长短接法，把故障压缩到一个较小的范围，如先短接 1—3 两点，若 KM1 不吸合，再短接 3—5 两点，KM1 能吸合，则说明故障在 3—5 点之间的电路中，再用局部短接法即可确定故障点。

必须注意，短接法是带电操作，因此必须要注意安全。检查时应注意以下几点：一是短接前要看清电路，防止因为错接而烧坏电气设备；二是短接法只适用于检查连接导线及触点类的断路故障，对线圈、绕组、电阻等断路故障，不能采用此法；三是对机床的某些重要部位，最好不要使用短接法，以免考虑不周，造成事故。

四、应用举例

（一）从两地实现一台电动机的连续−点动控制电路

设计一个控制电路，能在 A、B 两地分别控制同一台电动机单方向连续运行与点动控制，画出电气原理图。

1. 设计方法一

如图 4-15 所示，SB1、SB2 分别为电动机的停止控制开关，SB3、SB4 分别为电动机的点动控制开关，SB5、SB6 分别为电动机的长车控制开关。在设计电路时，停止按钮常闭点串联，启动按钮常开点并联。

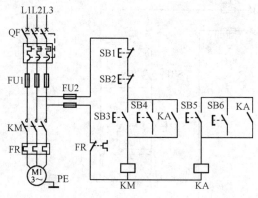

图 4-15 两地控制一台电动机连续−点动原理（一）

从两地实现一台电动机连续−点动控制

2. 设计方法二

在图 4-15 中，设计时使用一个中间继电器进行控制，也可以不用中间继电器进行控制，这样既可减少电路元件，又可使电路可靠、故障率下降，在生产现场也是这样设计的。在设计电路时，停止按钮常闭触点串联，启动按钮常开触点并联，启动按钮的常闭触点串联在接触器自锁支路中，如图4-16所示，使电动机在点动控制时自锁支路不起作用。

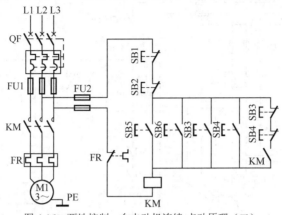

图 4-16　两地控制一台电动机连续-点动原理（二）

（二）两台电动机启停的控制电路

设计一个能同时满足以下要求的两台电动机控制电路。

（1）能同时控制两台电动机启动和停止。

（2）能分别控制两台电动机启动和停止。

两台电动机顺序控制电气原理如图4-17所示，中间继电器KA控制两台电动机的同时启动，SB6控制两台电动机的同时停止。

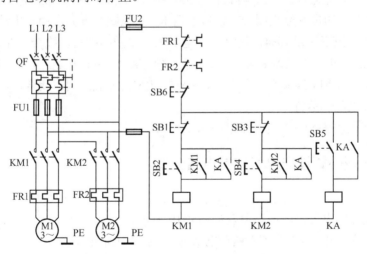

图 4-17　两台电动机顺序控制电气原理

（三）双速异步电动机低速启动、高速运行电气控制电路

1. 工作任务

某台△/YY接法的双速异步电动机需要施行低速、高速连续运转和低速点动混合控制，且高速需要采用分级启动控制，即先低速启动，然后自动切换为高速运转，试设计出能实现这一要求的电路图。

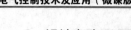

2. 设计电路原理图

设计电路原理如图 4-18 所示。

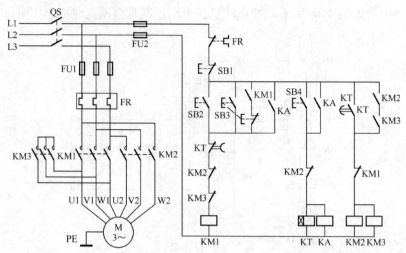

图 4-18 △/YY 接法的双速异步电动机低速、高速控制原理

3. 工作原理分析

线路工作原理如下。

（1）低速运行。合上电源开关 QS，按下低速启动按钮 SB2，接触器 KM1 线圈得电并自锁，KM1 的主触点闭合，电动机 M 的绕组连接成三角形并以低速运转。按下低速点动按钮 SB3，实现低速点动控制。

（2）低速起，高速运行。合上电源开关 QS，按下高速启动按钮 SB4，中间继电器 KA 线圈得电并自锁，KA 的常开触点闭合，使接触器 KM1 线圈得电并自锁，电动机 M 连接成三角形并低速启动；按下按钮 SB4，使时间继电器 KT 线圈同时得电吸合，经过一定时间后，KT 延时常闭触点分断，接触器 KM1 线圈失电释放，KM1 主触点断开，KT 延时常开触点闭合，接触器 KM2、KM3 线圈得电并自锁，KM2、KM3 主触点同时闭合，电动机 M 的绕组连接成双星形并以高速运行。

（3）按下停止按钮 SB1 使电动机停止。

（四）T68 型卧式镗床电气控制电路分析

1. 主电路

T68 型卧式镗床电气控制电路原理如图 4-19 所示。

T68 型卧式镗床电气控制电路有两台电动机：一台是主轴电动机 M1，作为主轴旋转及常速进给的动力，还带动润滑油泵；另一台是快速进给电动机 M2，作为各进给运动快速移动的动力。

M1 为双速异步电动机，由接触器 KM4、KM5 控制：低速时 KM4 吸合，电动机 M1 的定子绕组为三角形连接，n_N=1 460 r/min；高速时 KM5 吸合，KM5 为两只接触器并联使用，定子绕组为双星形连接，n_N=2 880 r/min。KM1、KM2 控制 M1 的正反转。KS 为与电动机 M1 同轴的速度继电器，在电动机 M1 停车时，由 KS 控制进行反接制动。为了限制启动、制动电流和减小机械冲击，电动机 M1 在制动、点动及主轴和进给的变速冲动时串入了限流电阻器 R，运行时由 KM3 短接。热继电器 FR 作为 M1 的过载保护。

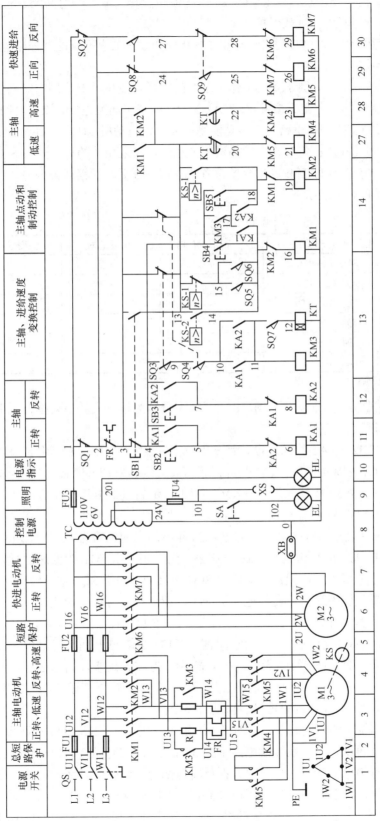

图4-19 T68型卧式镗床电气控制线路原理

M2 为快速进给电动机，由 KM6、KM7 控制正反转。由于电动机 M2 是短时工作制，所以不需要用热继电器进行过载保护。

QS 为电源引入开关，FU1 提供全电路的短路保护，FU2 提供 M2 及控制电路的短路保护。

2. 控制电路

由控制变压器 TC 提供 110 V 工作电压，FU3 提供变压器二次侧的短路保护。控制电路包括 KM1～KM7 共 7 个交流接触器，KA1、KA2 两个中间继电器，以及时间继电器 KT，共 10 个电器的线圈支路，该电路的主要功能是控制主轴电动机 M1。在启动 M1 之前，首先要选择好主轴的转速和进给量（在主轴和进给变速时，与之相关的行程开关 SQ3～SQ6 的状态见表 4-1），并调整好主轴箱和工作台的位置［在调整好后，行程开关 SQ1、SQ2 的动断触点（1—2）均处于闭合接通状态］。

表 4-1　　　　　　　　　　　　主轴和进给变速行程开关 SQ3～SQ6 状态

	相关行程开关的触点	① 正常工作时	② 变速时	③ 变速后手柄推不上时
主轴变速	SQ3（4—9）	+	−	−
	SQ3（3—13）	−	+	+
	SQ5（14—15）	−	−	+
进给变速	SQ4（9—10）	+	−	−
	SQ4（3—13）	−	+	+
	SQ6（14—15）	−	−	+

注：“+”表示接通；“−”表示断开。

（1）电动机 M1 的正反转控制。SB2、SB3 分别为正、反转启动按钮，下面以正转启动为例介绍操作过程。

按下按钮 SB2→KA1 线圈通电自锁→KA1 常开触点（10—11）闭合，KM3 线圈通电→KM3 主触点闭合短接电阻 R；KA1 另一对常开触点（14—17）闭合，与闭合的 KM3 辅助常开触点（4—17）使 KM1 线圈通电→KM1 主触点闭合；KM1 常开辅助触点（3—13）闭合，KM4 通电，电动机 M1 低速启动。

同理，在反转启动运行时，按下按钮 SB3，相继通电的电器为 KA2→KM3→KM2→KM4。

（2）电动机 M1 的高速运行控制。若按上述启动控制，M1 为低速运行，此时机床的主轴变速手柄置于“低速”位置，微动开关 SQ7 不吸合，由于 SQ7 常开触点（11—12）断开，时间继电器 KT 线圈不通电。要使电动机 M1 高速运行，可将主轴变速手柄置于“高速”位置，SQ7 动作，其常开触点（11—12）闭合，这样在启动控制过程中，KT 与 KM3 同时通电吸合，经过 3s 左右的延时后，KT 的常闭触点（13—20）断开而常开触点（13—22）闭合，使 KM4 线圈断电而 KM5 线圈通电，电动机 M1 为 YY 连接，高速运行。无论是在电动机 M1 低速运行时，还是在停止时，若将变速手柄由低速挡转至高速挡，电动机 M1 都是先低速启动或运行，再经 3s 左右的延时后自动转换至高速运行。

（3）电动机 M1 的停止制动。电动机 M1 采用反接制动，KS 为与电动机 M1 同轴的反接制动控制用的速度继电器，在控制电路中有 3 对触点：常开触点（13—18）在电动机 M1 正转时动作，另一对常开触点（13—14）在反转时闭合，还有一对常闭触点（13—15）提供变速冲动控制。当电动机 M1 的转速达到 120 r/min 以上时，KS 的触点动作；当转速降至 40 r/min 以下时，KS 的触点复位。下面以电动机 M1 正转高速运行、按下停止按钮 SB1 停车制动为例进行分析。

按下按钮 SB1→SB1 常闭触点（3—4）先断开，先前得电的 KA1、KM3、KT、KM1、KM5 线圈相继断电→SB1 常开触点（3—13）闭合，经 KS-1 使 KM2 线圈通电→KM4 通电，电动机 M1△接法串电阻反接制动→电动机转速迅速下降至 KS 的复位值→KS-1 常开触点断开，KM2 断电→KM2 常开触点断开，KM4 断电，制动结束。

如果是电动机 M1 反转时进行制动，则由 KS-2（13—14）闭合，控制 KM1、KM4 进行反接制动。

（4）电动机 M1 的点动控制。SB4 和 SB5 分别为正反转点动控制按钮。当需要调整点动时，可按下按钮 SB4（或 SB5），使 KM1 线圈（或 KM2 线圈）通电，KM4 线圈也随之通电，由于此时 KA1、KA2、KM3、KT 线圈都没有通电，所以电动机 M1 串入电阻低速转动。当松开按钮 SB4（或 SB5）时，由于没有自锁作用，所以电动机 M1 为点动运行。

（5）主轴的变速控制。主轴的各种转速是由变速操纵盘来调节变速传动系统而取得的。在主轴运转时，如果要变速，可不必停机。只要将主轴变速操纵盘的操作手柄拉出（见图 4-20，将手柄拉至②的位置），与变速手柄有机械联系的行程开关 SQ3、SQ5 均复位（见表 4-1），此后的控制过程如下（以正转低速运行为例）。

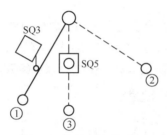

图 4-20　主轴变速手柄位置

将变速手柄拉出→SQ3 复位→SQ3 常开触点断开→KM3 和 KT 都断电→KM1、KM4 断电，电动机 M1 断电后由于惯性继续旋转。

SQ3 常闭触点（3—13）闭合，由于此时转速较高，故 KS-1 常开触点为闭合状态→KM2 线圈通电→KM4 通电，电动机△接法进行制动，转速很快下降到 KS 的复位值→KS-1 常开触点断开，KM2、KM4 断电，断开电动机 M1 反向电源，制动结束。

转动变速盘进行变速，变速后将手柄推回→SQ3 动作→SQ3 动断触点（3—13）断开，常开触点（4—9）闭合，KM1、KM3、KM4 重新通电，电动机 M1 重新启动。

由以上分析可知，如果变速前主电动机处于停转状态，那么变速后主电动机也处于停转状态。若变速前主电动机处于正向低速（△连接）状态运转，由于中间继电器仍然保持通电状态，变速后，主电动机仍处于△连接下运转。同理，如果变速前，电动机处于高速（YY）正转状态，那么变速后，主电动机仍先连接成三角形，再经 3s 左右的延时，才进入 YY 连接高速运转状态。

（6）主轴的变速冲动。SQ5 为变速冲动行程开关，由表 4-1 可见，在不变速时，SQ5 的常开触点（14—15）是断开的；在变速时，如果齿轮未啮合好，变速手柄就合不上，即在图 4-20 中处于③的位置，则 SQ5 被压合→SQ5 的常开触点（14—15）闭合→KM1 由 13—15—14—16 支路通电→KM4 线圈支路也通电→电动机 M1 低速串电阻启动→当电动机 M1 的转速升至 120 r/min 时→KS 动作，其电动机触点（13—15）断开→KM1、KM4 线圈支路断电→KS-1 动合触点闭合→KM2 通电→KM4 通电，电动机 M1 进行反接制动，转速下降→当电动机 M1 的转速降至 KS 复位值时，KS 复位，其常开触点断开，电动机 M1 断开制动电源，常闭触点（13—15）又闭合→KM1、KM4 线圈支路再次通电→电动机 M1 转速再次上升……这样使电动机 M1 的转速在 KS 复位值和动作值之间反复升降，进行连续低速冲动，直至齿轮啮合好以后，才能将手柄推合至图 4-20 中①的位置，使 SQ3 被压合，而 SQ5 复位，变速冲动才告结束。

（7）进给变速控制。与上述主轴变速控制的过程基本相同，只是在进给变速控制时，拉动的是进给变速手柄，动作的行程开关是 SQ4 和 SQ6。

（8）快速移动电动机 M2 的控制。为缩短辅助时间，提高生产效率，由快速移动电动机 M2 经传动机构拖动镗头架和工作台做各种快速移动。运动部件及运动方向的预选由装在工作台前方的操作手柄进行，而控制则是由镗头架的快速操作手柄进行。当扳动快速操作手柄时，将压合行程开关 SQ8 或 SQ9，接触器 KM6 或 KM7 通电，实现电动机 M2 快速正转或快速反转。电动机带动相应的传动机构拖动预选的运动部件快速移动。将快速移动手柄扳回原位时，行程开关 SQ5 或 SQ6 不再受压，KM6 或 KM7 断电，电动机 M2 停转，快速移动结束。

（9）联锁保护。为了防止工作台及主轴箱与主轴同时进给，将行程开关 SQ1 和 SQ2 的常闭触点并联在控制电路（1—2）中。当工作台及主轴箱进给手柄在进给位置时，SQ1 的触点断开；而当主轴的进给手柄在进给位置时，SQ2 的触点断开。如果两个手柄都处在进给位置，则 SQ1、SQ2 的触点都断开，机床不能工作。

3. 照明电路和指示灯电路

由变压器 TC 提供 24 V 安全电压供给照明灯 EL，EL 的一端接地。SA 为灯开关，由 FU4 提供照明电路的短路保护。XS 为 24 V 电源插座。HL 为 6 V 的电源指示灯。

4. T68 型卧式镗床常见电气故障的诊断与检修

镗床常见电气故障的诊断、检修与前面讲述的钻床大致相同，但由于镗床的机-电联锁较多，且采用双速异步电动机，所以会有一些特有的故障，现举例分析如下。

（1）主轴的转速与标牌的指示不符。这种故障一般有 2 种现象：第 1 种是主轴的实际转速比标牌指示转速增加一倍或减少一半；第 2 种是 M1 只有高速或只有低速运行。前者大多是由于安装调整不当引起的。T68 型卧式镗床有 18 种转速，是由双速异步电动机和机械滑移齿轮联合调速来实现的。第 1 挡、第 2 挡、第 4 挡、第 6 挡、第 8 挡……是由电动机以低速运行来驱动的，而第 3 挡、第 5 挡、第 7 挡、第 9 挡……是由电动机以高速运行来驱动的。由以上分析可知，M1 的高低速转换是靠主轴变速手柄推动微动开关 SQ7，由 SQ7 的常开触点（11—12）通、断来实现的。如果安装调整不当，使 SQ7 的动作恰好相反，则会发生第 1 种故障。产生第 2 种故障的主要原因是 SQ7 损坏（或安装位置移动）：如果 SQ7 的常开触点（11—12）总是接通的，则 M1 只有高速；如果 SQ7 的常开触点（11—12）总是断开的，则 M1 只有低速。此外，KT 的损坏（如线圈烧断、触点不动作等）也会造成此类故障的发生。

（2）电动机 M1 能低速启动，但置"高速"挡时，不能高速运行而自动停机。电动机 M1 能低速启动，说明接触器 KM3、KM1、KM4 工作正常；而低速启动后不能换成高速运行且自

T68 型卧式镗床
电气线路分析

动停机，又说明时间继电器 KT 是工作的，其常闭触点（13—20）能切断 KM4 线圈支路，而常开触点（13—22）不能接通 KM5 线圈支路。因此，应重点检查 KT 的常开触点（13—22）。此外，还应检查 KM4 的互锁常闭触点（22—23）。按此思路，接下去还应检查 KM5 有无故障。

（3）电动机 M1 不能进行正反转点动、制动及变速冲动控制。其原因往往是上述各种控制功能的公共电路部分出现故障。如果伴随着不能低速运行，则故障可能是在控制电路 13—20—21—0 支路中有断开点；否则，故障可能是在主电路的制动电阻器 R 及引线上有断开点。如果主电路仅断开一相电源，电动机还会伴有断相运行时发出的"嗡嗡"声。

 五、实训操作及视频演示

（一）双速异步电动机调速控制电路的接线运行

1. 电气原理图

双速异步电动机调速控制电气原理图如图 4-21 所示。根据原理图在网孔板上对电气元件进行布局，布置图如图 4-22 所示。

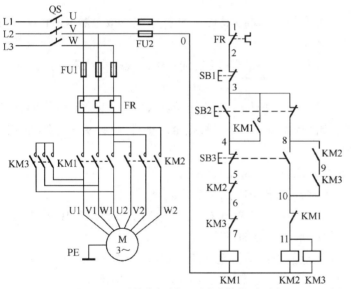
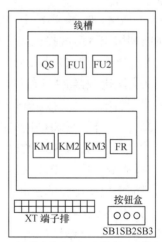

图 4-21 双速异步电动机调速控制电气原理图　　图 4-22 双速异步电动机调速控制元器件布置图

2. 系统电路接线

系统电路接线分为主电路接线和控制电路接线。

（1）主电路接线。

① 从电源引出 L1、L2、L3 三相至断路器 QS 的进线端。

② 从断路器 QS 的出线端接至熔断器 FU1 的进线端。

③ 从熔断器 FU1 的出线端接至热继电器 FR 热元件的 3 个进线端。

④ 从热继电器 FR 热元件的 3 个出线端接至交流接触器 KM1 主触点的 3 个进线端。

⑤ 从交流接触器 KM1 主触点的 3 个进线端接至交流接触器 KM2 主触点的 3 个进线端。

⑥ 从交流接触器 KM1 主触点的 3 个出线端接至交流接触器 KM3 主触点的 3 个进线端。

⑦ 交流接触器 KM3 主触点的 3 个出线端短接在一起。

⑧ 从交流接触器 KM1 主触点的 3 个出线端引出接至端子排 XT 上的 U1、V1、W1。

⑨ 从交流接触器 KM2 主触点的 3 个出线端引出接至端子排 XT 上的 U2、V2、W2。

⑩ 从端子排 XT 上的 U1、V1、W1、U2、V2、W2 接至双速异步电动机，完成电动机 M 的接地。

（2）控制电路接线。

① 从主电路中断路器 QS 的出线端引出 U、V 两相至熔断器 FU2 的进线端。

② 从熔断器 FU2 的右位出线端引出 1 号线接至热继电器 FR 常闭触点的进线端。

③ 从热继电器 FR 常闭触点的出线端引出 2 号线接至端子排 XT。

④ 从端子排 XT 上 2 号线对应的出线端引出接至常闭按钮 SB1 的进线端。

⑤ 从常闭按钮 SB1 的出线端引出 3 号线接至常开按钮 SB2 的进线端。

⑥ 从常开按钮 SB2 的出线端引出 4 号线接至常闭按钮 SB3 的进线端。

⑦ 从常闭按钮 SB3 的出线端引出 5 号线接至端子排 XT，从端子排 XT 上 5 号线对应的出线端引出接至交流接触器 KM2 辅助常闭触点的进线端。

⑧ 从交流接触器 KM2 辅助常闭触点的出线端引出 6 号线接至交流接触器 KM3 辅助常闭触点的进线端。

⑨ 从交流接触器 KM3 辅助常闭触点的出线端引出 7 号线接至交流接触器 KM1 线圈的进线端。

⑩ 从交流接触器 KM1 线圈的出线端接至熔断器 FU2 的左位出线端；从常闭按钮 SB2 的进线端引出 3 号线接至端子排 XT。

⑪ 从端子排 XT 上 3 号线对应的出线端引出接至交流接触器 KM1 辅助常开触点的进线端；从交流接触器 KM1 辅助常开触点的出线端引出 4 号线接至端子排 XT；从常开按钮 SB2 的出线端引出 4 号线接至端子排 XT。

⑫ 从常开按钮 SB2 的进线端接至常闭按钮 SB2 的进线端。

⑬ 从常闭按钮 SB2 的出线端接至常开按钮 SB3 的进线端。

⑭ 从常开按钮 SB3 的出线端引出 10 号线接至端子排 XT，从端子排 XT 上 10 号线对应的出线端引出接至交流接触器 KM1 辅助常闭触点的进线端。

⑮ 从交流接触器 KM1 辅助常闭触点的出线端接至交流接触器 KM2 线圈的进线端；从交流接触器 KM2 线圈的出线端引出 0 号线接至交流接触器 KM1 线圈的出线端。

⑯ 从交流接触器 KM2 线圈的进线端引出 11 号线接至交流接触器 KM3 线圈的进线端，从交流接触器 KM3 线圈的出线端引出 0 号线接至交流接触器 KM2 线圈的出线端。

⑰ 从常开按钮 SB3 的进线端引出 8 号线接至端子排 XT。

⑱ 从端子排 XT 上 8 号线对应的出线端引出接至交流接触器 KM2 辅助常开触点的进线端；从交流接触器 KM2 辅助常开触点的出线端引出 9 号线接至交流接触器 KM3 辅助常开触点的进线端。

⑲ 从交流接触器 KM3 辅助常开触点的出线端引出 10 号线接至交流接触器 KM1 辅助常闭触点的进线端。

双速异步电动机调速控制电路实物图如图 4-23 所示。

双速异步电动机
调速主电路接线

双速异步电动机调速
控制电路接线及功能

图 4-23　双速异步电动机调速控制电路实物图

3. 电路的运行调试

线路的工艺要求与电动机点动控制的接线运行中线路的工艺要求一致。

系统电路完成接线之后，需要对线路进行检查，分为通电前检查和通电后检查。

（1）通电前检查与电动机单向启停控制的接线运行中通电前检查一致。

（2）电气控制电路的调试及通电后检查。对系统电路进行调试，正确操作电气设备控制电路，合上电源开关 QS，按下低速启动按钮 SB2，接触器 KM1 线圈得电，其自锁和互锁触点动作，实现对 KM1 线圈的自锁和对 KM2、KM3 线圈的互锁。主电路中的 KM1 主触点闭合，电动机 M 定子绕组做三角形连接，电动机 M 低速启动、运转。按下高速按钮 SB3，接触器 KM1 线圈断电，在解除其自锁和互锁的同时，主电路中的 KM1 主触点也断开，电动机 M 定子绕组暂时断电。因为 SB3 是复合按钮，常闭触点断开后，常开触点就闭合，此刻接通接触器 KM2 和 KM3 线圈。KM2 和 KM3 自锁和互锁同时动作，完成对 KM2 和 KM3 线圈的自锁及对 KM1 线圈的互锁。KM2 和 KM3 在主电路的主触点闭合，电动机 M 定子绕组做双星形连接，电动机 M 高速运转。检查控制动作与工作过程是否正常；如不正常，用万用表的交流电压 500V 挡位来检查，可以采用分段电压法和分阶电压法等测量，进行通电检查。

（二）多地控制电路的接线运行

1. 电气原理图

电动机的多地控制电气原理图如图 4-24 所示。根据原理图在网孔板上对电气元件进行布局，布置图如图 4-25 所示。

2. 系统电路接线

系统电路接线分为主电路接线和控制电路接线。

（1）主电路接线。

① 从电源引出 L1、L2、L3 三相至低压断路器 QF 的进线端。

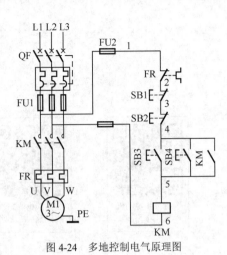

图 4-24　多地控制电气原理图

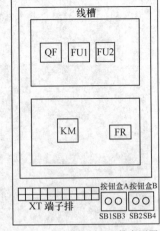

图 4-25　多地控制元器件布置图

② 从低压断路器 QF 的出线端引出 U、V 两相接至熔断器 FU1 的进线端。

③ 从熔断器 FU1 的出线端接至交流接触器 KM 主触点的 3 个进线端。

④ 从交流接触器 KM 主触点的 3 个出线端接至热继电器 FR 热元件的 3 个进线端。

⑤ 从热继电器 FR 热元件的 3 个出线端引出接至端子排 XT 上的 U、V、W。

⑥ 从端子排 XT 上的 U、V、W 接至三相电动机，完成电动机 M 的接地。

（2）控制电路接线。

① 从主电路中低压断路器 QF 的出线端引出 U、V 两相至熔断器 FU2 的进线端。

② 从熔断器 FU2 的右位出线端引出 1 号线接至热继电器 FR 常闭触点的进线端。

③ 从热继电器 FR 常闭触点的出线端引出 2 号线接至端子排 XT。

④ 从端子排 XT 上 2 号线对应的出线端接至常闭按钮 SB1 的进线端。

⑤ 从常闭按钮 SB1 的出线端引出 3 号线接至常闭按钮 SB2 的进线端。

⑥ 从常闭按钮 SB2 的出线端引出 4 号线接至常开按钮 SB3 的进线端；从常开按钮 SB3 的进线端引出接至常开按钮 SB4 的进线端；从常开按钮 SB3 的出线端引出 5 号线接至常开按钮 SB4 的出线端。

⑦ 从常开按钮 SB4 的进线端引出 4 号线接至端子排 XT，从端子排 XT 上 4 号线对应的出线端接至交流接触器 KM 辅助常开触点的进线端。

⑧ 从交流接触器 KM 辅助常开触点的出线端引出 5 号线接至端子排 XT；从常开按钮 SB4 的出线端引出 5 号线接至端子排 XT。

⑨ 从端子排 XT 上 5 号线对应的出线端引出接至交流接触器 KM 线圈的进线端。

⑩ 从交流接触器 KM 线圈的出线端引出 6 号线接至熔断器 FU2 的左位出线端。

电动机多地控制电路实物图如图 4-26 所示。

3. 电路的运行调试

线路的工艺要求与电动机点动控制的接线运行中线路的工艺要求一致。

系统电路完成接线之后，需要对线路进行检查，分为通电前检查和通电后检查。

（1）通电前检查与电动机点动控制的接线运行中通电前检查一致。

（2）电气控制电路的调试及通电后检查。对系统电路进行调试，正确操作电气设备控制电路，首先合上低压断路器 QF，在 A 地，按下启动按钮 SB3，交流接触器 KM 的线圈得电，电动机 M 通电启动后运转；松开按钮 SB3，因 KM 线圈与其辅助常开触点形成自锁，电动机 M 持续转动；按下 A 地的停止按钮 SB1，KM 线圈失电，电动机 M 停止；在 B 地，按下按钮 SB4，KM 线圈得电，电动机 M 启动；松开按钮 SB4，因 KM 线圈与其辅助常开触点形成自锁，电动机 M 持续转动；按下按钮 SB2，KM 线圈失电，电动机 M 停止。检查线路的动作方式与工作过程是否正常；如不正常，用万用表的交流电压 500V 挡位来检查，可以采用分段电压法和分阶电压法等测量，进行通电检查。

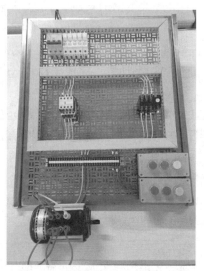

多地控制的控制电路接线及功能

图 4-26　电动机多地控制电路实物图

（三）电动机的连续-点动控制电路的接线运行

1. 电气原理图

电动机的连续-点动控制电气原理图如图 4-27 所示。根据原理图在网孔板上对电气元件进行布局，布置图如图 4-28 所示。

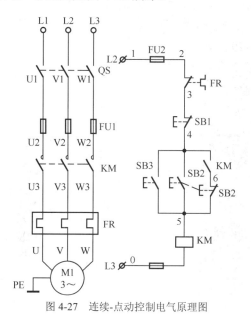

图 4-27　连续-点动控制电气原理图

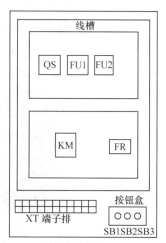

图 4-28　连续-点动控制元器件布置图

2. 系统电路接线

系统电路接线分为主电路接线和控制电路接线。

（1）主电路接线。

① 从电源引出 L1、L2、L3 三相接至断路器 QS 的进线端。

② 从电源开关 QS 的出线端引出 U1、V1、W1 接至熔断器 FU1 的进线端。

③ 从熔断器 FU1 的出线端引出 U2、V2、W2 接至交流接触器主触点的 3 个进线端。

④ 从交流接触器 KM 主触点的 3 个出线端引出 U3、V3、W3 接至热继电器 FR 热元件的 3 个进线端。

⑤ 从热继电器 FR 热元件的 3 个出线端引出接至端子排 XT 上的 U、V、W。

⑥ 从端子排 XT 上的 U、V、W 接至三相电动机，完成电动机 M 的接地。

（2）控制电路接线。

① 从主电路中电源开关 QS 的出线端引出 U1、V1 两相至熔断器 FU2 的进线端。

② 从熔断器 FU2 的右位出线端引出 2 号线接至热继电器 FR 常闭触点的进线端。

③ 从热继电器 FR 常闭触点的出线端引出 3 号线接至端子排 XT。

④ 从端子排 XT 上 3 号线对应的出线端引出接至常闭按钮 SB1 的进线端。

⑤ 从常闭按钮 SB1 的出线端引出 4 号线接至常开按钮 SB2 的进线端。

⑥ 从常开按钮 SB2 的进线端接至常开按钮 SB3 的进线端；从常开按钮 SB3 的进线端引出 4 号线接至端子排 XT。

⑦ 从端子排 XT 上 4 号线对应的出线端引出接至交流接触器 KM 辅助常开触点的进线端。

⑧ 从常开按钮 SB2 的出线端接至常开按钮 SB3 的出线端。

⑨ 从交流接触器 KM 辅助常开触点的出线端引出 6 号线接至端子排 XT。

⑩ 从端子排 XT 上 6 号线对应的出线端接至常闭按钮 SB2 的进线端。

⑪ 从常开按钮 SB2 的出线端接至常闭按钮 SB2 的出线端。

⑫ 从常闭按钮 SB2 的出线端引出 5 号线接至端子排 XT。

⑬ 从端子排 XT 上 5 号线对应的出线端引出接至交流接触器 KM 线圈的进线端。

⑭ 从交流接触器 KM 线圈的出线端引出 0 号线接至熔断器 FU2 左位的出线端。

电动机连续-点动控制电路实物图如图 4-29 所示。

连续-点动控制电路接线及功能

图 4-29　电动机连续-点动控制电路实物图

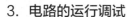

3. 电路的运行调试

线路的工艺要求与电动机点动控制的接线运行中线路的工艺要求一致。

系统电路完成接线之后，需要对线路进行检查，分为通电前检查和通电后检查。

（1）通电前检查与电动机单向启停控制的接线运行中通电前检查一致。

（2）电气控制电路的调试及通电后检查。对系统电路进行调试，正确操作电气设备控制电路，先合上电源开关 QS，按下点动按钮 SB2，SB2 的常开按钮闭合，KM 线圈得电，电动机 M 启动；松开按钮 SB2，SB2 的常开按钮断开，KM 线圈失电，KM 的辅助常开触点断开，电动机 M 停转；按下连续控制按钮 SB3，KM 线圈得电，因 KM 线圈与其辅助常开触点形成自锁，电动机 M 持续转动；按下停止按钮 SB1，KM 线圈失电，电动机 M 停止。检查控制线路动作方式与工作过程是否正常；如不正常，用万用表的交流电压 500V 挡位来检查，可以采用分段电压法和分阶电压法等测量，进行通电检查。

 ## 项目小结

本项目以卧式镗床为典型项目，引出了速度继电器的结构特点、工作原理和应用，讲述了双速异步电动机的原理及控制。因为速度继电器是反映转速和转向的继电器，主要用作笼型异步电动机的反接制动控制，所以也称反接制动继电器，主要由转子、定子和触点 3 部分组成。双速异步电动机属于异步电动机变极调速类型，主要是通过改变定子绕组的连接方法来改变定子旋转磁场磁极对数，从而改变电动机的转速。

在应用举例中讲述了双速异步电动机控制电路的结构组成、工作原理及安装调试技能。三相异步电动机制动常用的有能耗制动和反接制动，能耗制动是指电动机脱离交流电源后，立即在定子绕组的任意两相中加入一个直流电源，在电动机转子上产生一个制动转矩，使电动机快速停下来。反接制动是通过改变电动机电源的相序，使定子绕组产生相反方向的旋转磁场，从而产生制动转矩的一种制动方法。本项目讲述了单向和正反转能耗制动、反接制动控制电路的组成、工作原理和调试技能。

本项目还重点讲述了 T68 型卧式镗床的基本结构、运动形式、操作方法、电动机和电气元件的配置情况，以及机械、液压系统与电气控制的关系等方面知识，详细分析了 T68 型卧式镗床电气控制电路组成、工作原理、安装调试方法，还讲述了 T68 型卧式镗床、常见电气故障的诊断与检修方法。

项目介绍了机床电气设备日常维护保养工作的主要内容和要求，以及机床常见故障排除的方法。测量法是维修时确定故障点的常用方法，常用的测试仪表有测电笔、万用表、钳形电流表、兆欧表等，主要通过对电路进行带电或断电时有关参数（电压、电流、电阻等）的测量来判断电器元件的好坏、设备绝缘设备情况以及线路通断情况。常用的测量法有电阻测量法（电阻分阶测量法、电阻分段测量法）、电压测量法（电压分阶测量法、电压分段测量法）和短接法（局部短接法、长短接法）等。不同的机床有各自的特点。

本项目还讲述了双速异步电动机调速控制电路的接线运行、多地控制电路的接线运行、电动机的连续-点动控制的接线运行 3 个电路的接线方法、步骤、工艺要求及调试运行过程，同时扫描二维码就可以观看相应的实训操作及视频演示。

习题及思考

1．T68 型卧式镗床与 X62W 型铣床的变速冲动有什么不同？T68 型卧式镗床在进给时能否变速？

2．T68 型卧式镗床能低速启动，但不能高速运行，试分析故障的原因。

3．双速异步电动机高速运行时通常先低速启动而后转入高速运行，为什么？

4．简述速度继电器的结构、工作原理及用途。

5．试分析图 4-10 双速交流异步电动机低速启动、高速自动加速控制电路原理。

6．有 2 台电动机 M1 和 M2，要求：①M1 先启动，经过 10 s 后 M2 启动；②M2 启动后，M1 立即停止。试设计其控制电路。

7．设计 2 台电动机的同时启动，同时停止的控制电路。

8．控制电路工作的准确性和可靠性是电路设计的核心和难点，在设计时必须特别重视。试分析图 4-30 的电路是否合理。如果不合理，试改之。设计本意：按下按钮 SB2，KM1 线圈得电，延时一段时间后，KM2 线圈得电运行，KM1 线圈失电。按下按钮 SB1，整个电路失电。

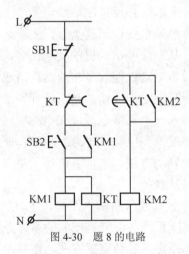

图 4-30　题 8 的电路

9．简述电动机的日常维护保养工作内容。

10．简述电压测量法，并用电压测量法检查电镀生产线的升降电动机只能上升不能下降的故障范围。

项目五 桥式起重机电气控制

学习目标

1. 了解桥式起重机的基本结构与运动形式。
2. 了解桥式起重机对电力拖动控制的主要要求。
3. 能检修电流、电压继电器、凸轮控制器、主令控制器的常见电气故障。
4. 能分析与设计绕线转子异步电动机启动调速控制电路。
5. 会分析桥式起重机的凸轮控制器控制电路工作原理。
6. 会分析桥式起重机的主令控制器控制电路工作原理。
7. 培养学生的安全防范意识、质量管理意识，使学生具备爱岗敬业、严谨认真、乐于奉献等工匠精神。

一、项目简述

桥式起重机又称天车、行车、吊车，是一种用来起吊和放下重物并在短距离内水平移动的起重机械。桥式起重机的桥架沿铺设在两侧高架上的轨道纵向运行，起重小车沿铺设在桥架上的轨道横向运行。桥式起重机广泛应用在室内外仓库、厂房、码头和露天储料场等处。它对减轻工人劳动强度、提高劳动生产率、促进生产过程机械化起着重要的作用，是现代化生产中不可或缺的起重工具。桥式起重机可分为简易梁桥式起重机、普通桥式起重机和冶金专用桥式起重机 3 种。常见的有 5t、10t 等单梁起重机及 15t/3t、20t/5t 等双梁起重机。150t/50t 双梁桥式起重机的外形如图 5-1 所示。

图 5-1   150t/50t 双梁桥式起重机的外形

【拓展阅读】随意合闸送电引起的桥式起重机伤亡事故

某炼钢车间组织检修副跨 10t 桥式起重机。车间设备副主任安排电工班负责检修起重机控制电路，更换控制器，起重机驾驶员配合电工班作业，同时参加检修的还有该厂技校电工班 5 名实习学生，车间电气设备员负责停、送电联络及有关技术问题。由于检修厂房内还有一台起重机要进行排查作业，因此厂房内起重机电源滑线没有拉闸断电，只将待检修的起重机总电源拉闸断电。当电气设备员蹲在滑线侧主梁小车轨道上时，在驾驶室内总电源开关西侧的一名电工班实习学生，手搭在电源开关操作手柄上，无目的地将电源开关合上。由于大车控制器正在高速挡上，致使大车突然启动向西驶去，在主梁上的电气设备员便本能慌忙地站立起来，因身体失去平衡，大叫一声坠落到地面。这时，正在驾驶室检修的工人发现后，立即拉下开关，大车滑行 7m 左右停车。该电气设备员被迅速送往医院，抢救无效死亡。

分析事故原因主要是在桥式起重机进行检修时，没有制订出周密的安全防护措施方案，参加人员过多，现场指挥不当，在切断起重机电源后，既没有上锁，悬挂醒目标志牌，又未设专人监护，致使实习学生随意无目的地合闸送电，导致事故发生。

这是一起由于现场管理指挥不当，安全防护措施不力，在检修起重机电气设备时，由外来人员操作送电引发的伤亡事故。事故本来可以避免发生，教训是惨痛的。在人多手杂的情况下，没有对断电、送电环节做到双保险。除扳动电源操作手柄断电外，还应采取另外的断电措施，如断开空气开关、摘掉熔断器等，使任何一个偶然的动作都不会产生不良后果。

在企业现场实习和电气设备相关实训中，一定要认真进行安全规范教育学习，服从现场管理人员和教师的指挥安排，科学严谨地参与到项目任务的实践中，才能在确保自身和设备安全的前提下，获取更多的相关知识与技能。

（一）桥式起重机的结构及运动形式

普通桥式起重机一般由起重小车、桥架（又称大车）运行机构、桥架金属结构（主梁和端梁）、司机室组成。20t/5t 桥式起重机的结构如图 5-2 所示。

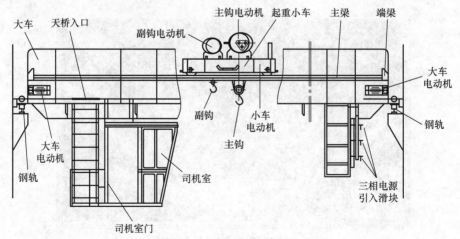

图 5-2　20t/5t 桥式起重机结构

1．起重小车

起重小车由起升机构、小车运行机构、小车架和小车导电滑线等组成。

起升机构包括电动机、制动器、减速器、卷筒和滑轮组。电动机通过减速器带动卷筒转动，使钢丝绳绕上卷筒或从卷筒放下，以升降重物。小车架是支托、安装起升机构和小车运行机构等部件的机架，通常为焊接结构。20t/5t 起重机小车上的提升机构有 20t 的主钩和 5t 的副钩。起重小车是经常移动的，提升机构、小车上的电动机、电磁抱闸的电源通常采用滑触线和电刷供电，由加高在大车上的辅助滑触线供给。转子电阻也是通过辅助滑触线与电动机连接的。

2．桥架运行机构

起重机桥架运行机构的驱动方式可分为两大类：一类为集中驱动，即用一台电动机带动长传动轴驱动两边的主动车轮；另一类为分别驱动，即两边的主动车轮各用一台电动机驱动。中、小型桥式起重机较多采用制动器、减速器和电动机组合成一体的"三合一"驱动方式，大起重量的普通桥式起重机为便于安装和调整，驱动装置常采用万向联轴器，由大车电动机进行驱动控制。

起重机运行机构一般只用 4 个主动和从动车轮，如果起重量很大，常用增加车轮的办法来降低轮压。当车轮超过 4 个时，必须采用铰接均衡车架装置，使起重机的载荷均匀地分布在各车轮上。

桥式起重机相对于支撑机构进行运动，电源由 3 根主滑触线通过电刷引进起重机驾驶室内的保护控制盘上，3 根主滑触线沿着平行于大车轨道的方向敷设在厂房的一侧。

3．桥架的金属结构

桥架的金属结构由主梁和端梁组成，分为单主梁桥架和双梁桥架两类。单主梁桥架由单根主梁和位于跨度两边的端梁组成，双梁桥架由两根主梁和端梁组成。

主梁与端梁刚性连接，端梁两端装有车轮，用以支撑桥架在高架上运行。主梁上焊有轨道，供起重小车运行。

普通桥式起重机主要采用电力驱动，一般是在司机室内操纵，也有远距离控制的。起重量可达 500t，跨度可达 60m。

4．司机室

司机室是操纵起重机的吊舱，也称操纵室或驾驶室。司机室内有大、小车移动机构控制装置，提升机构控制装置和起重机的保护装置等。司机室一般固定在主梁的一端，上方开有通向桥架走台的舱口，供检修人员进出桥架（天桥）用。

桥式起重机的运动形式有 3 种（以坐在司机室内操纵的方向为参考方向）。

（1）起重机由大车电动机驱动大车运动机构沿车间基础上的大车轨道做左右运动。

（2）小车与提升机构由小车电动机驱动小车运动机构沿桥架上的轨道做前后运动。

（3）起重电动机驱动提升机构带动重物做上下运动。

因此，桥式起重机挂着物体在厂房内可做上、下、左、右、前、后 6 个方向的运动来完成物体的移动。

（二）桥式起重机对电力拖动控制的主要要求

为提高起重机的生产率和生产安全，对起重机提升机构电力拖动控制提出如下要求。

（1）在上下运动时，具有合理的升降速度。空钩时能快速升降，以减少辅助工时；轻载时的提升速度应大于额定负载时的提升速度；额定负载时速度最慢。

（2）具有一定的调速范围，受允许静差率的限制，普通起重机的调速范围（高、低速之比）为2～3，要求较高的则要达到5～10。

（3）为消除传动间隙，将钢丝绳张紧，以避免过大的机械冲击，提升的第一挡就作为预备级，该级启动转矩一般限制在额定转矩的一半以下。

（4）下放重物时，依据负载大小，拖动电动机可运行在下放电动状态（加力下放）、倒拉反接制动状态、超同步制动状态或单相制动状态。

（5）必须设有机械抱闸以实现机械制动。大车运行机构和小车运行机构对电力拖动自动控制的要求比较简单，要求有一定的调速范围，分几挡进行控制，为实现准确停车，采用机械制动。

桥式起重机应用广泛，起重机电气控制设备都已系列化、标准化，都有定型的产品。后面将介绍桥式起重机的控制设备和控制电路原理。

通过以上对桥式起重机的运动形式与电力拖动控制的要求，读者需要学习与起重机电气控制相关的电气元件如凸轮控制器、电磁制动器（电磁抱闸器）的结构和工作原理，电流继电器和电压继电器的结构、工作原理及用途，还要学习绕线转子异步电动机的启动及调速控制。

二、低压电器相关知识

（一）电流继电器

根据继电器线圈中电流的大小而接通或断开电路的继电器称为电流继电器。使用时，电流继电器的线圈串联在被测电路中。为了使串入电流继电器线圈后不影响电路正常工作，电流继电器线圈的匝数要少，导线要粗，阻抗要小。

电流继电器分为过电流继电器和欠电流继电器两种。

1. 过电流继电器

当继电器中的电流超过预定值时，引起开关电器有延时或无延时动作的继电器称为过电流继电器。它主要用于频繁启动和重载启动的场合，作为电动机和主电路的过载和短路保护。

（1）结构及工作原理。JL系列过电流继电器的外形如图5-3所示。JT4系列过电流继电器的结构如图5-4所示。它主要由电流线圈、静铁芯、衔铁、触点系统和反作用弹簧等组成。

当线圈通过的电流为额定值时，所产生的电磁吸力不足以克服弹簧的反作用力，此时衔铁不动作。当线圈通过的电流超过整定值时，电磁吸力大于弹簧的反作用力，静铁芯吸引衔铁动作并带动常闭触点断开，常开触点闭合。调整反作用弹簧的作用力，可整定继电器的动作电流值。该系列中有的过电流继电器带有手动复位机构，这类继电器过电流动作后，当电流再减小甚至到零时，衔铁也不能自动复位，只有当操作人员检查并排除故障后，手动松开锁扣机构，衔铁才能在回位弹簧的作用下返回，从而避免重复过电流事故发生。

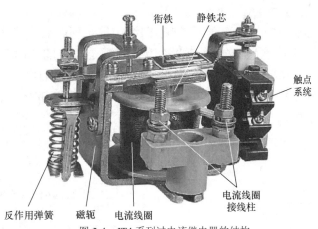

图 5-3　JL 系列过电流继电器的外形　　　　图 5-4　JT4 系列过电流继电器的结构

JT4 系列为交流通用继电器，在这种继电器的电磁系统上装设不同的线圈，便可制成过电流、欠电流、过电压或欠电压等继电器。JT4 系列都是瞬动型过电流继电器，主要用于电动机的短路保护。

过电流继电器的外形、结构和图形符号如图 5-5 所示。

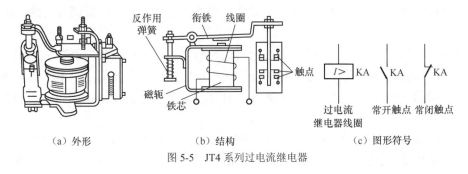

（a）外形　　　　　　　　（b）结构　　　　　　　　（c）图形符号

图 5-5　JT4 系列过电流继电器

（2）型号。常用的过电流继电器有 JT4 系列交流通用继电器和 JL14 系列交直流通用继电器，其型号及含义分别如下。

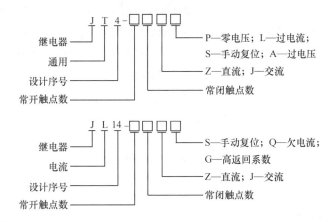

2．欠电流继电器

当通过继电器的电流减小到低于整定值时动作的继电器称为欠电流继电器。在线圈电流正常时，这种继电器的衔铁与铁芯是吸合的。它常用于直流电动机励磁电路和电磁吸盘的弱磁保护。

常用的欠电流继电器有 JL14-Q 等系列产品，其结构与工作原理和 JT4 系列继电器相似。这种继电器的动作电流为线圈额定电流的 30%～65%，释放电流为线圈额定电流的 10%～20%。因此，当通过欠电流继电器线圈的电流降低到额定电流的 10%～20%时，继电器即释放复位，其常开触点断开，常闭触点闭合，给出控制信号，使控制电路做出相应的反应。

欠电流继电器在电路图中的图形符号如图 5-6 所示。

图 5-6　欠电流继电器的图形符号

（二）电压继电器

反映输入量为电压的继电器称为电压继电器。使用时电压继电器的线圈并联在被测量的电路中，根据线圈两端电压的大小而接通或断开电路。这种继电器线圈的导线细、匝数多、阻抗大。

根据实际应用的要求，电压继电器分为过电压继电器、欠电压继电器。

过电压继电器是当电压大于整定值时动作的电压继电器，主要用于对电路或设备作过电压保护，常用的过电压继电器为 JT4-A 系列，其动作电压可在额定电压的 105%～120%范围内调整。

欠电压继电器是当电压降至某一规定范围时动作的电压继电器；零电压继电器是欠电压继电器的一种特殊形式，是当继电器的端电压降至零或接近消失时才动作的电压继电器。欠电压继电器和零电压继电器在线路正常工作时，铁芯与衔铁是吸合的，当电压降至低于整定值时，衔铁释放，带动触点动作，对电路实现欠电压或零电压保护。常用的欠电压继电器和零电压继电器有 JT4-P 系列，欠电压继电器的释放电压可在额定电压的 40%～70%范围内整定，零电压继电器的释放电压可在额定电压的 10%～35%范围内调节。

选择电压继电器时，主要依据继电器的线圈额定电压、触点的数目和种类进行。

电压继电器在电路图中的图形符号如图 5-7 所示。

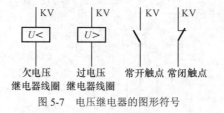

图 5-7　电压继电器的图形符号

（三）电磁制动器

电磁制动器也称电磁抱闸器，是使机器在很短时间内停止运转并闸住不动的装置，是机床的重要部件，它既是工作装置又是安全装置。制动器根据构造可分为块式制动器、盘式制动器、多盘式制动器、带式制动器、圆锥式制动器等；根据操作情况的不同分为常闭式、常开式和综合式；根据动力不同，又分为电磁制动器和液压制动器。

常闭式双闸瓦制动器具有结构简单、工作可靠的特点，平时常闭式制动器抱紧制动轮，只有起重机工作时才松开，这样无论在任何情况停电时，闸瓦都会抱紧制动轮，保证了起重机的安全。图 5-8 所示为短行程与长行程电磁瓦块式制动器。

（a）短行程电磁瓦块式制动器　　　　　（b）长行程电磁瓦块式制动器

图 5-8　短行程与长行程电磁瓦块式制动器

1. 短行程电磁瓦块式制动器

图 5-9 所示为短行程电磁瓦块式制动器的工作原理。制动器是借助主弹簧，通过框形拉板使左、右制动臂上的制动瓦块压在制动轮上，借助制动轮和制动瓦块之间的摩擦力来实现制动。制动器借助电磁铁来松闸，当电磁铁线圈通电后，衔铁吸合，将顶杆向右推动，制动臂带动制动瓦块同时离开制动轮。在松闸时，左制动臂在电磁铁自重作用下左倾，左制动瓦块也离开了制动轮。为防止制动臂倾斜过大，可用调整螺钉来调整制动臂的倾斜量，以保证左、右制动瓦块离开制动轮的间隙相等，副弹簧的作用是把右制动臂推向右倾，防止在松闸时，整个制动器左倾而造成右制动瓦块离不开制动轮。

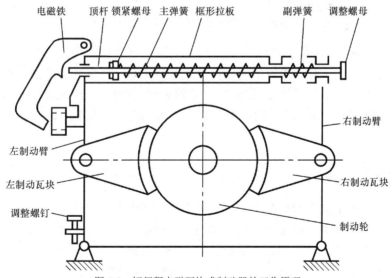

图 5-9　短行程电磁瓦块式制动器的工作原理

短行程电磁瓦块式制动器动作迅速，结构紧凑，自重小，铰链比长行程的短，死行程短，制动瓦块与制动臂铰链连接，制动瓦与制动轮接触均匀，磨损均匀。但由于行程短、制动力矩小，所以多用于制动力矩不大的场合。

2. 长行程电磁瓦块式制动器

当机构要求有较大的制动力矩时，可采用长行程电磁瓦块式制动器。根据驱动装置和产生制动力矩的方式不同，又分为重锤式长行程电磁铁、弹簧式长行程电磁铁、液压推杆式长行程及液压电磁铁等双闸瓦制动器。制动器也可在短期内用来降低或调整机器的运转速度。

图 5-10 所示为长行程电磁瓦块式制动器的工作原理。它通过杠杆系统来增加上闸力。其松闸通过电磁铁产生电磁力经杠杆系统实现，紧闸借助弹簧力通过杠杆系统实现。当电磁线圈通电时，水平杠杆抬起，带动螺杆向上运动，使杠杆板绕轴逆时针方向旋转，压缩制动弹簧在螺杆与杠杆板作用下，两个制动臂带动制动瓦块左右运动而松闸。当电磁铁线圈断电时，靠压缩制动弹簧的张力使制动闸瓦块闸住制动轮。与短行程电磁瓦块式制动器比较，由于在结构上增加了一套杠杆系统，长行程电磁瓦块式制动器采用三相电源，因此制动力矩大。制动轮直径增大，工作较平稳可靠，制动时自振小。连接方式与电动机定子绕组连接方式相同，有△连接和丫连接两种。

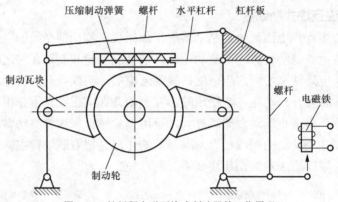

图 5-10　长行程电磁瓦块式制动器的工作原理

上述两种电磁瓦块式制动器的结构都很简单，能与它控制的机构用电动机的操作系统联锁，当电动机停止工作或发生停电故障时，电磁铁自动断电，制动器抱紧，实现安全操作。但电磁铁吸合时冲击大、有噪声，且机构需经常启动、制动，电磁铁易损坏。为了克服电磁瓦块式制动器冲击大的缺点，现采用了液压推杆专柜式制动器，这是一种新型的长行程制动器。

（四）凸轮控制器

控制器是一种大型的手动控制电器。它分鼓形控制器和凸轮控制器两种。由于鼓形控制器的控制容量小，体积大，操作频率低，切换位置和电路较少，经济效果差，因此，已被凸轮控制器代替。常用的凸轮控制器有 KTJ1、KTJ15、KT10、KT12 及 KT14 等系列。

凸轮控制器主要用于起重设备中控制中小型绕线式异步电动机的启动、停止、调速、换向和制动，也适用于有相同要求的其他电力拖动场合，如卷扬机等。应用凸轮控制器控制电动机，控制电路简单，维修方便，广泛用于中小型起重机的平移机构和小型起重机提升机构的控制中。KTJ1、KT12 系列凸轮控制器的外形与内部结构分别如图 5-11、图 5-12 所示。

图 5-11　KTJ1 系列凸轮控制器外形与内部结构　　　　图 5-12　KT12 系列凸轮控制器外形与内部结构

1. 结构与动作原理

凸轮控制器都做成保护式，借可拆卸的外罩以防止触及带电部分。KTJ1-50 型凸轮控制器的壳内装有凸轮元件，它由静触点和动触点组成。凸轮元件装于角钢上，绝缘支架装有静触点及接线头，动触点的杠杆一端装有动触点，另一端装有滚子，壳内还有由凸轮及轴构成的凸轮鼓。分合转子电路或定子电路的凸轮元件的触点部分用石棉水泥弧室间隔开，这些弧室被装于小轴上，欲使凸轮鼓停在需要的位置上，则靠定位机构来执行，定位机构由定位轮定位器和弹簧组成。操作控制器是借与凸轮鼓连在一起的手轮，引入导线经控制器下基座的孔穿入。控制器可固定在墙壁、托架等的任何位置上，它有安装专用孔，躯壳上备有接地专用螺钉，手轮通过凸轮环而接地。当转动手轮时，凸轮压下滚子，而使杠杆转动，装在杠杆上的动触点也随之转动。继续转动杠杆则触点分开。以相反的顺序转动手轮可使触点闭合，凸轮离开滚子后，弹簧将杆顶回原位。动触点对杠杆的转动即为触点的超额行程，其作用为触点磨损时保证触点间仍有必需的压力。

2. 型号含义

凸轮控制器型号含义如下。

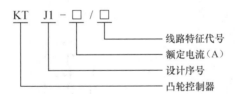

三、电气控制电路相关知识

起重机经常需要重载启动，因此提升机构和平移机构的电动机一般采用启动转矩较大的绕线转子异步电动机，以减小电流而增加启动转矩。绕线转子异步电动机由于其独特的结构，一般不采取定子绕组降压启动，而在转子回路外接变阻器。因此绕线转子异步电动机的启动控制方式和笼型异步电动机有所不同。三相绕线转子异步电动机的启动，通常采用在转子绕组回路中串接启动电阻和接入频敏变阻器等方法。

（一）绕线转子异步电动机转子串电阻启动控制

1. 主电路

如图 5-13（a）所示，在绕线转子异步电动机的转子电路中通过滑环与外电阻器相连。

启动时控制器触点 S1～S3 全断开，合上电源开关 QS 后，电动机开始启动，此时电阻器的全部电阻都串入转子电路中，随着转速的升高，触点 S1 闭合，转速继续升高，再闭合触点 S2，最后闭合触点 S3，转子电阻就这样逐级地被全部切除，启动过程结束。

电动机在整个启动过程中的启动转矩较大，适合于重载启动。因此这种启动方法主要用在桥式起重机、卷扬机、龙门吊车等设备的电动机上。其主要缺点是所需启动设备较多，启动级数较少，启动时有一部分能量消耗在启动电阻上，因而又出现了频敏变阻器启动，如图 5-13（b）所示。

2．控制电路

（1）按钮操作控制电路。图 5-14 所示为按钮操作绕线转电动机串电阻启动的控制电路，合上电源开关 QS，按下按钮 SB1，KM 得电吸合并自锁，电动机串接全部电阻启动。经过一定时间后，按下按钮 SB2，KM1 得电吸合并自锁，KM1 主触点闭合，切除第一级电阻 R1，电动机转速继续升高。再经过一定时间后，按下按钮 SB3，KM2 得电吸合并自锁，KM2 主触点闭合，切除第二级电阻 R2，电动机转速继续升高。当电动机转速接近额定转速时，按下按钮 SB4，KM3 得电吸合并自锁，KM3 主触点闭合，切除全部电阻，启动结束，电动机在额定转速下正常运行。

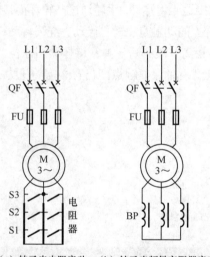

（a）转子串电阻启动　（b）转子串频敏变阻器启动

图 5-13　绕线转子异步电动机启动控制主电路

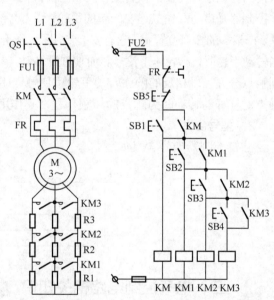

图 5-14　按钮操作绕线转子电动机串电阻启动控制电路

（2）时间原则控制绕线转子电动机串电阻启动控制电路。图 5-15 所示为时间原则控制绕线转子电动机串电阻启动控制电路。其中，3 个时间继电器 KT1、KT2、KT3 分别控制 3 个接触器 KM1、KM2、KM3 按顺序依次吸合，自动切除转子绕组中的三级电阻，与启动按钮 SB1 串接的 KM1、KM2、KM3 这 3 个常闭触点的作用是保证只有电动机在转子绕组中接入全部启动电阻的条件下，才能启动。若其中任何一个接触器的主触点因熔焊或机械故障而没有释放，电动机就不能启动。

（3）电流原则控制绕线转子电动机串电阻启动控制电路。图 5-16 所示为用电流继电器控制绕线转子异步电动机的控制电路。这种电动机是根据电动机启动时转子电流的变化，利用电流继电器来控制转子回路串联电阻的切除。

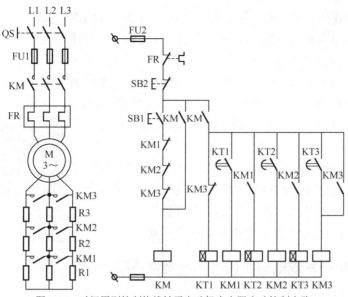

图 5-15　时间原则控制绕线转子电动机串电阻启动控制电路

　　图 5-16 中的 KA1、KA2、KA3 是欠电流继电器，其线圈串接在转子电路中，这 3 个电流继电器的吸合电流都一样，但释放电流值不一样，KA1 的释放电流最大，KA2 的较小，KA3 的最小。该控制电路的动作原理是：合上断路器 QS，按下启动按钮 SB2，接触器 KM4 线圈通电吸合并自锁，主触点闭合，电动机 M 开始启动。刚启动时，转子电流很大，电流继电器 KA1、KA2、KA3 都吸合，它们接在控制电路中的常闭触点 KA1、KA2、KA3 都断开，接触器 KM1、KM2、KM3 线圈均不通电，常开主触点都断开，使全部电阻都接入转子电路。接触器 KM4 的常开辅助触点 KM4 闭合，为接触器 KM1、KM2、KM3 吸合做好准备。

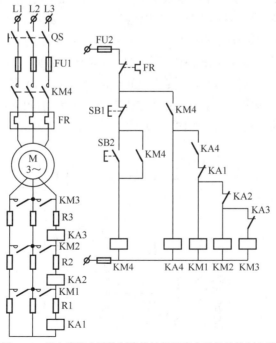

图 5-16　用电流继电器控制绕线转子异步电动机的控制电路

随着电动机转速的升高，转子电流减小，电流继电器 KA1 首先释放，它的常闭触点 KA1 恢复闭合状态，使接触器 KM1 线圈通电吸合，其转子电路中的常开主触点闭合，切除第一级启动电阻 R1。当 R1 被切除后，转子电流重新增大，但随着转速继续上升，转子电流又逐渐减小，当减小到电流继电器 KA2 的释放电流值时，KA2 释放，它的常闭触点 KA2 恢复闭合状态，接触器 KM2 线圈通电吸合，其转子电路中的常开主触点闭合，切除第二级启动电阻 R2。如此下去，直到把全部电阻都切除，电动机启动完毕，进入正常运行状态。

中间继电器 KA4 的作用是保证开始启动时，全部电阻接入转子电路。在接触器 KM4 线圈通电后，电动机开始启动时，利用 KM4 接通中间继电器 KA4 线圈的动作时间，使电流继电器 KA1 的常闭触点先断开，KA4 常开触点闭合，以保证电动机转子在回路串入全部电阻的情况下启动。

绕线转子异步电动机转子串电阻启动控制

绕线转子异步电动机转子串频敏变阻器启动控制

（二）绕线转子异步电动机转子串频敏变阻器启动控制

频敏变阻器是由 3 个铁芯柱和 3 个绕组组成的。3 个绕组接成星形，通过滑环和电刷与转子绕组连接，铁芯用 6～12 mm 钢板制成，并有一定的空气隙，当频敏变阻器的绕组中通入交流电后，在铁芯中产生的涡流损耗很大。

当电动机刚开始启动时，电动机的转差率 $S \approx 1$，转子的频率为 f_1，铁芯中的损耗很大，即 R_2 很大，因此限制了启动电流，增大了启动转矩。随着电动机转速的增加，转子电流的频率下降，R_2 也减小，启动电流及转矩保持一定数值。

由于频敏变阻器的等效电阻和等效电抗都随转子电流频率而变，反应灵敏，因此称为频敏变阻器。这种启动方法结构简单，成本较低，使用寿命长，维护方便，能使电动机平滑启动（无级启动），基本上可获得恒转矩的启动特性。缺点是有电感存在，功率因数较低，启动转矩不大，因此在轻载启动时采用串频敏变阻器启动，在重载启动时采用串电阻启动。

图 5-17 所示为频敏变阻器控制绕线式电动机串电阻启动控制电路，KT 为时间继电器，KA 为中间继电器。当操作启动按钮 SB2 后，接触器 KM1 接通，并接通时间继电器 KT，它的常开触点 KT（3—11）经延时闭合，接通中间继电器 KA，KA 的常开触点 KA（3—13）再接通接触器 KM2，切除频敏变阻器，启动过程完毕。因为时间继电器 KT 的线圈回路中串有接触器 KM2 的常闭辅助触点 KM2（3—7），所以当 KM2 通电后，时间继电器 KT 断电。

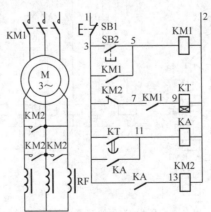

图 5-17　频敏变阻器控制绕线转子电动机串电阻启动控制电路

四、应用举例

（一）电动机正反转转子串频敏变阻器启动控制电路

图 5-18 所示为绕线转子异步电动机正反转转子串频敏变阻器启动控制电路。

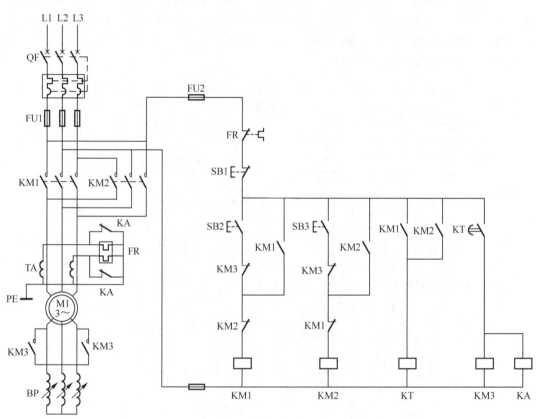

图 5-18　绕线转子异步电动机正反转转子串频敏变阻器启动控制电路

电路的设计思路：主电路在单向运行的基础上加一个反向接触器 KM2，在设计控制电路时，要考虑在启动时，一定要串入频敏变阻器才能启动，也不能长期串入频敏变阻器运行。

电路的工作原理：合上断路器 QF，按下启动按钮 SB2，正转接触器 KM1 得电，主触点闭合，电动机转子串入频敏变阻器开始启动；KM1 辅助常开触点闭合，时间继电器 KT 得电，经过一定时间，时间继电器延时常开触点 KT 闭合，接触器 KM3 和中间继电器 KA 得电，KM3 主触点将频敏变阻器切除，电动机正常运行。

（二）桥式起重机凸轮控制器电路分析

1. 桥式起重机凸轮控制器控制电路

图 5-19 所示为凸轮控制器控制绕线转子异步电动机运行的控制电路，这种电路用作桥式起重机的小车前后运动、钩子升降、大车左右运动电动机的控制电路，只是不同的电路稍有区别。凸轮控制器控制电路的特点是原理图用展开图表示。由图 5-19 可见，凸轮控制器有编

号为 1～12 的 12 对触点，用竖着画的细实线表示，而凸轮控制器的操作手轮右旋和左旋各有 5 个挡位，分别控制电动机正反转与速度，加上一个中间位置（称为"零位"）共有 11 个挡位，各个挡位中的每对触点是否接通，用横竖线交点处的黑圆点"·"表示，有黑圆点的表示该对触点在该位置是接通的，无黑圆点的则表示断开。

图 5-19 中的 M2 为起重机的驱动电动机，采用绕线转子三相异步电动机，在转子电路中串入三相不对称电阻 R2，用于启动与调速控制。YB2 为制动电磁铁，三相电磁线圈与 M2 的定子绕组并联。QS 为电源引入开关，KM 为控制电路电源的接触器。KA0 和 KA2 为过电流继电器，其线圈 KA0 为单线圈，KA2 为双线圈，都串联在 M2 的三相定子电路中，而其常闭触点则串联在 KM 的线圈支路中。

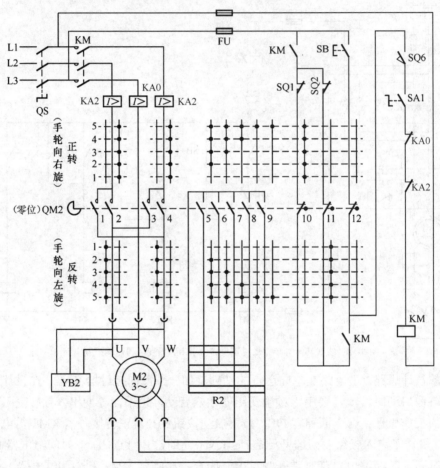

图 5-19　凸轮控制器控制电路

2. 电动机定子电路

在每次操作之前，应先将凸轮控制器 QM2 置于零位，由图 5-19 可知，QM2 的触点 10、11、12 在零位上接通；然后合上电源开关 QS，按下启动按钮 SB，接触器 KM 线圈通过 QM2 的触点 12 得电，KM 的 3 对主触点闭合，接通电动机 M2 的电源，然后可以用 QM2 操纵 M2 的运行。QM2 的触点 10、11 与 KM 的常开触点一起构成正转和反转时的自锁电路。

凸轮控制器 QM2 的触点 1～4 控制 M2 的正反转，由图 5-19 可见，触点 2、4 在 QM2 右旋的 5 挡均接通，M2 正转；而在左旋 5 挡则是触点 1、3 接通，按电源的相序，M2 为反转；在零位时，4 对触点均断开。

3. 电动机转子电路

凸轮控制器 QM2 的触点 5～9 用于控制 M2 转子外接电阻 R2，以实现对 M2 启动和转速的调节。由图 5-19 可见，这 5 对触点在中间零位均断开，而在左、右旋各 5 挡的通断情况是完全对称的：操作手柄在左、右两边的第 1 挡触点 5～9 均断开，三相不对称电阻 R2 全部串入 M2 的转子电路，此时 M2 的机械特性最软（图 5-20 中的曲线 1）；操作手柄置第 2～第 4 挡时，触点 5、6、7 依次接通，将 R2 逐级不对称地切除，对应的机械特性曲线为图 5-20 中的曲线 2～曲线 4，可见电动机的转速逐渐升高；当置第 5 挡时，触点 5～9 全部接通，R2 全部被切除，M2 运行在自然特性曲线 5 上。

由以上分析可见，用凸轮控制器控制小车及大车的移行，凸轮控制器是用触点 1～9 控制电动机的正反转启动的，在启动过程中逐段切断转子电阻，以调节电动机的启动转矩和转速。从第 1 挡到第 5 挡，电阻逐渐减小至全部切除，转速逐渐升高。该电路如果用于控制起重机吊钩的升降，则升、降的控制操作不同。

（1）提升重物。凸轮控制器右旋时，起重电动机为正转，凸轮控制器控制提升电动机机械特性对应为图 5-20 中第 I 象限的 5 条曲线。第 1 挡的启动转矩很小，如图 5-20 所示的曲线 1，作为预备级，用于消除传动齿轮的间隙并张紧钢丝绳；在第 2～第 5 挡提升速度逐渐提高（见图 5-20 中第 I 象限中的垂直虚线 a）。

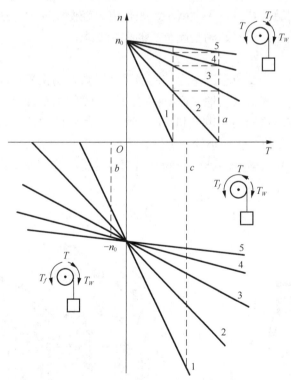

图 5-20 转子串电阻电动机的机械特性

（2）轻载下放重物。凸轮控制器左旋时，起重电动机为反转，对应为图 5-20 中第 III 象限的 5 条曲线。因为下放的重物较轻，其重力矩 T_W 不足以克服摩擦转矩 T_f，所以电动机工作在反转电动机状态，电动机的电磁转矩与 T_W 方向一致迫使重物下降（$T_W + T > T_f$），在不同的挡位可获得不同的下降速度（见图 5-20 中第Ⅲ象限中的垂直虚线 b）。

（3）重载下放重物。此时起重电动机仍然反转，但由于负载较重，其重力矩 T_W 与电动机电磁转矩方向一致而使电动机加速，当电动机的转速大于同步转速 n_0 时，电动机进入再生发电制动工作状态，其机械特性曲线为图 5-20 中第Ⅲ象限第 5 条曲线在第Ⅳ象限的延伸，T 与 T_W 方向相反而成为制动转矩。由图 5-20 可见，第Ⅳ象限中的曲线 1、2、3 比较陡直，因此在操作时，应将凸轮控制器的手轮从零位迅速扳至第 5 挡，中间不允许停留，在往回操作时也一样，应从第 5 挡快速扳回零位，以免引起重物高速下降而造成事故（见图 5-20 中第Ⅳ象限中的垂直虚线 c）。

由此可见，在下放重物时，不论是重载还是轻载，该电路都难以控制低速下降。因此在下降操作中如需要较准确的定位时，可采用点动操作方式，即将控制器的手轮在下降（反转）第 1 挡与零位之间来回扳动，以点动控制起重电动机，再配合制动器便能实现较准确的定位。

（三）桥式起重机主令控制器电路分析

凸轮控制器控制电路具有结构简单、维修方便、经济性能好等优点，但因为控制器触点直接用来控制电动机主电路，所以要求触点容量大，这样，控制器便体积大，操作不灵便，并且不能低速下放重物。为此，当电动机容量较大、工作繁重、操作频繁、调速性能要求较高时，往往采用主令控制器操作。由主令控制器的触点来控制接触器，再由接触器来控制电动机，这样，控制器的触点容量可大大减小，操作更为轻便。同时，通过接触器来控制电动机可获得较好的调速性能，更好地满足起重机的控制要求。

1. 主令控制器

（1）主令控制器的结构及原理。主令控制器是用以频繁切换复杂回路控制电路的主令电器，主要用于起重机、轧钢机及其他生产机械磁力控制盘的主令控制。主令控制器结构与工作原理基本上与凸轮控制器相同，也是利用凸轮来控制触点的通断。其结构由凸轮块、接线柱、静触点、动触点、支架、轴、小轮、弹簧、手柄等组成，如图 5-21 所示。原理是：转动手柄，方形转轴带动凸轮块转动→凸轮块的凸出部分压动小轮，使动触点离开静触点，分断电路。

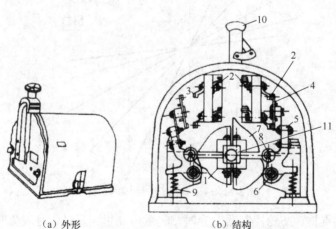

（a）外形　　　　　　　　（b）结构

1，7—凸轮块　2—接线柱　3—静触点　4—动触点　5—支架　6—轴　8—小轮　9—弹簧　10—手柄　11—方形转轴

图 5-21　主令控制器的外形及结构

（2）主令控制器型号及主要技术性能。目前生产和使用的主令控制器主要有 LK14、LK15、LK16 型。其主要技术性能为：额定电压为交流 50Hz、380V 以下及直流 220V 以下；额定操作频率为 1 200 次/h。表 5-1 为 LK14 型主令控制器的技术数据。

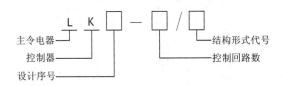

表 5-1　　　　　　　　　　　　LK14 型主令控制器的主要技术数据

型号	额定电压 U/V	额定电流 I/A	控制电路数	外形尺寸 mm×mm×mm
LK14-12/90 LK14-12/96 LK14-12/97	380	15	12	227×220×300

主令控制器应根据所需操作位置数、控制电路数、触点闭合顺序以及长期允许电流大小来选择。主令控制器是用于频繁地按照预定程序操纵多个控制电路的主令电器，用它控制接触器来实现电动机的启动、制动、调速和反转，其触点的工作电流不大。在起重机中，主令控制器是与磁力控制盘相配合来实现控制的，因此，往往根据磁力控制盘型号来选择主令控制器。

（3）触点分断表与图形符号。主令控制器触点分断表如表 5-2 所示，表示 LK14-12/96 型主令控制器有 12 对触点，操作手柄有 13 个位置，手柄放在"0"位时，只有 K1 这对触点是接通的，其余各点都在断开状态。当手柄放在下降第 1 挡时，K1 断开，K3、K4、K6、K7 闭合，当手柄放在第 2 挡时，K3、K4、K6、K7 保持闭合，增加一对触点 K8 闭合，其他挡位的触点分断情况的分析方法相同。主令控制器的触点分合表如图 5-22 所示。

表 5-2　　　　　　　　　　　LK14-12/96 型主令控制器触点分断表

触点	下降						SA	上升					
	6	5	4	3	2	1	0	1	2	3	4	5	6
K1							+						
K2											+	+	+
K3	+	+	+	+	+	+		+	+	+			
K4	+	+	+	+	+	+			+	+	+	+	+
K5											+	+	+
K6	+	+	+	+	+	+		+	+	+			
K7		+	+	+	+	+		+	+	+	+		
K8			+	+	+	+		+					
K9	+	+	+	+								+	+
K10			+	+									
K11	+	+											+
K12	+												+

注：+表示触点闭合

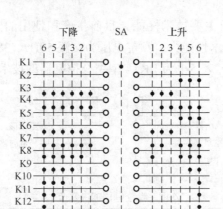

图 5-22 LK1-12/90 主令控制器触点分合表

（4）主令控制器的选择与使用。

① 主令控制器主要根据使用环境、所需控制的电路数、触点闭合顺序、磁力控制盘型号等进行选择。

② 主令控制器投入运行前，应使用 500V 或 1 000V 兆欧表测量其绝缘电阻，绝缘电阻一般应大于 0.5MΩ，同时根据接线图检查接线是否正确。

③ 主令控制器外壳上的接地螺栓应与接地网可靠连接。

④ 主令控制器不使用时手柄应停在零位。

2. 交流磁力控制盘

将控制用接触器、继电器、刀开关等电气元件按一定电路接线，组装在一块盘上，称作磁力控制盘。交流起重机用磁力控制盘按控制对象又可分为平移机构控制盘与升降机构控制盘，前者为 PQY 系列，后者为 PQS 系列，按控制电动机台数和线路特征分类如下。

（1）PQY1 系列：控制 1 台电动机；

PQY2 系列：控制 2 台电动机；

PQY3 系列：控制 3 台电动机，允许 1 台单独运转；

PQY4 系列：控制 4 台电动机，分为两组，允许每组电动机单独运转。

（2）PQS1 系列：控制 1 台升降电动机；

PQS2 系列：控制 2 台升降电动机，允许 1 台单独运转；

PQS3 系列：控制 3 台升降电动机，允许 1 台单独运转，并可直接进行点动操作。

上述两系列是全国统一设计的新系列产品。但目前各工矿企业仍大量使用旧型号的交流磁力控制盘，如平移机构使用 PQR9、PQR9A、PQR9B 及 PQX6401 等系列，升降机构使用 PQR10、PQR10A、PQR10B 及 PQX6402 等系列。为适应目前维修、使用这些旧型号产品的需要，以下对 PQR10A 控制盘与 LK1-12/90 型主令控制器构成的磁力控制器控制系统进行分析。

3. 桥式起重机主令控制器控制电路

磁力控制器由主令控制器与 PQR10A 系列控制盘组成，采用磁力控制器控制时，只有尺寸较小的主令控制器安装在驾驶室内，其余电气设备均安装在桥架上的控制盘中，具有操作轻便、维护方便、工作可靠、调速性能好等优点，但所用电气设备多，投资大且线路较为复杂，所以，一般桥式起重机同时采用凸轮控制器控制与磁力控制器控制，前者用于平移机构与副钩提升机构，后者用于主钩提升机构。当对提升机构控制要求不高时，则全部采用凸轮控制系统。

图 5-23 所示为提升机构磁力控制器控制系统电路图，图中主令控制器 SA 有 12 对触点，"上升""下降"各有 6 个工作位置。通过这 12 对触点的闭合与断开来控制电动机定子与转子电路的接触器，实现电动机工作状态的改变，拖动吊钩按不同速度提升与下降。由于主令控制器为手动操作，因此电动机工作状态的变换是由操作者来掌握的，KM0、KM1 为电动机正反转接触器，KM2 为制动接触器，控制三相交流电磁制动器 YA；KM3、KM4 为反接制动接触器，KM5～KM8 为启动加速接触器，用来控制电动机转子电阻，最后转子中还有一段常串电阻，用来软化机械特性。

主令控制器与磁力控制器控制系统电路的线路原理分析如下。

（1）零位保护：先合上断路器 QS1、QS2，主电路、控制电路上电，当主令控制器操作手柄置于零位时，SA1（表示 SA 的第 1 对触点，以下类同）闭合，使电压继电器 KV 吸合并自锁，控制电路便处于准备工作状态。当控制手柄处于工作位置时，虽然 SA1 断开，但不影响电压继电器 KV 的吸合状态，但当电源断电后，却必须使控制手柄回到零位后才能再次启动，这就是零位保护作用。

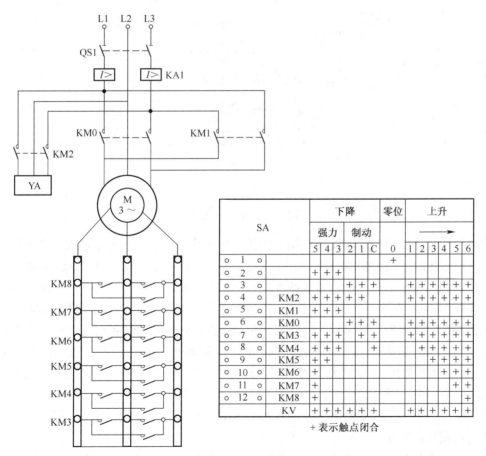

SA		下降 强力					制动	零位	上升 →					
		5	4	3	2	1	C	0	1	2	3	4	5	6
1								+						
2		+	+	+										
3				+	+	+			+	+	+	+	+	+
4	KM2	+	+	+	+	+			+	+	+	+	+	+
5	KM1	+	+	+										
6	KM0			+	+	+								
7	KM3	+	+	+	+	+								+
8	KM4	+	+	+					+					
9	KM5	+	+									+	+	
10	KM6	+										+	+	
11	KM7	+											+	+
12	KM8	+												+
	KV	+	+	+	+	+	+		+	+	+	+	+	+

+ 表示触点闭合

（a）主电路

图 5-23　主令控制器与磁力控制器控制系统电路图

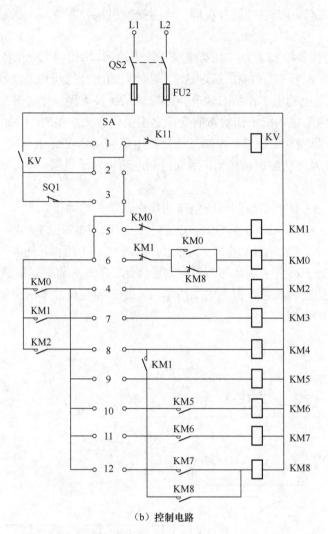

（b）控制电路

图 5-23　主令控制器与磁力控制器控制系统电路图（续）

（2）正转提升控制：正转提升控制"上升"有 6 个挡位。当 SA 手柄扳到"上升 1"挡位时，控制器触点 SA3、SA4、SA6 与 SA7 闭合，接触器 KM0、KM2 和 KM3 通电吸合，电动机按正转相序接通电源，制动电磁铁 YA 通电，电磁制动器松开，短接一段转子电阻，电动机工作在图 5-24 所示第 I 象限"上 1"机械特性上。由于该特性对应的启动转矩小，一般吊不起重物，只作为张紧钢丝绳，消除吊钩传动系统齿轮间隙的预备启动级，当主令控制器手柄依次扳到上升的第 2、3、4、5、6 挡位时，控制器触点 SA8~SA12 依次闭合，接触器 KM4~KM8 相继通电吸合，逐级短接转子各段电阻，获得图 5-24 中第 I 象限"上 2"～"上 6"机械特性，得到 5 种提升速度。

由于在"上升"各位置，主令控制器触点 SA3 始终闭合，将上升行程开关 SQ1 始终串接在提升电路中，实现上升的限位保护。

（3）下降重物时电路工作情况。下降重物时，主令控制器也有 6 个挡位，但根据重物重量，可使电动机工作在不同状态.若重载下降，要求低速，电动机可工作在倒拉反接制动状态；若为空钩或轻载下降，而重力矩不足以克服摩擦力矩时，必须采用强迫下降。前者电动机按正转提升相序接线，而后者电动机按下降反转相序接线。在主令控制器下降的 6 个挡位中，前 3 个挡位即 C、下 1、下 2 这 3 个位置为制动下降；后 3 个挡位即下 3、下 4、下 5 为强力下降。

① 制动下降。主令控制器手柄置于"下降"前 3 个位置（C、下 1、下 2）时，电动机定子仍按正转提升时电源相序接线，触点 SA6 闭合，接触器 KM0 通电，这时转子电路串入较大电阻。此时，在重力矩作用下克服电动机电磁转矩与摩擦转矩，迫使电动机反转，获得重载时的低速下降。具体电路工作情况如下。

当手柄置于"C"挡位时，触点 SA4 断开，KM2 断电释放，YB 断电释放，电磁制动器将拖动电动机闸住，同时触点 SA3、SA6、SA7、SA8 闭合，使接触器 KM0、KM3、KM4 通电，电动机定子按正转提升相序接通电源，转子短接两段电阻，产生一个提升的电磁转矩，与向下方向的重力转矩相平衡，配合电磁制动器牢牢地将吊钩及重物闸住。所以，一方面在"C"挡位一般用于提起重物后，稳定地停在空中或移行；另一方面，当重载时，控制器手柄由下降其他位置扳回"0"挡位时，在通过"C"挡位时，既有电动机的倒拉反接制动，又有机械抱闸制动，在两者的作用下有效地防止溜钩，实现可靠停机。在"C"挡位与"上 2"挡位所串转子电阻相同，所以"C"特性为"上 2"特性在第 Ⅳ 象限的延伸。

当手柄置于"下 1"与"下 2"挡位时，触点 SA4 闭合，KM2 通电吸合，YA 通电，电磁制动器松开；同时触点 SA8、SA7 相继断开，KM4、KM3 相继断电释放，依次串入转子电阻，使电动机机械特性逐级变软，获得图 5-24 机械特性中第 Ⅳ 象限的"下 1""下 2"两条特性，电动机产生的电磁转矩逐级减小，工作在倒拉反接制动状态，得到两级重载下降速度。但在轻载或空钩下降时，切不可将主令控制器手柄停留在"下 1"或"下 2"挡位，因为这时电动机产生的电磁转矩将大于负载转矩，以致电动机不处于倒拉反接制动下反而处于电动提升，造成轻载或空钩时不但不下降反而上升的现象。为此，应将手柄迅速推过"下 1""下 2"两挡位。为防止误操作，产生上述现象甚至上升超过上极限位置，控制器手柄置于"C""下 1"与"下 2"3 个挡位时，触点 SA3 闭合，将上升行程开关 SQ1 常闭触点串接在控制电路中，实现上升时的限位保护。

② 强力下降。当控制器手柄置于"下 3"、"下 4"与"下 5"3 个挡位时，电动机定子按反转相序接电源，电磁制动器松开，转子电阻逐级短接，提升机构在电动机下降电磁转矩和重力矩共同作用下，使货物下降。

在"下 3"挡位时，触点 SA2、SA4、SA5、SA7、SA8 闭合，接触器 KM2、KM1、KM3、KM4 通电，YA 通电，电磁制动器松开，转子短接两段电阻，定子按反转相序接电源，电动机工作在反转电动状态，强迫货物下降。

在"下 4"与"下 5"挡位时，在"下 3"挡位基础上，触点 SA9 与 SA10~SA12 相继闭合，接触器 KM5 与 KM6~KM8 相继通电，短接转子电阻。

由电路图可知，在"下 3"、"下 4"与"下 5"挡位时，转子电阻串接情况对应地与上升时的"上 2""上 3"与"上 6"挡位相同，所以这时的机械特性在第 Ⅲ 象限，且与第 Ⅰ 象限的"上 2""上 3""上 6"相对应，如图 5-24 所示，从而获得轻载时的 3 种强力下降速度。

由以上分析可知，控制器手柄位于下降"C"挡位时为提起重物后稳定地停在空中或吊着移行，或用于重载时的准确停车；下降的"下 1"与"下 2"挡位为重载时作低速下降用；下降的"下 3""下 4"与"下 5"挡位为轻载低速强迫下降用，或用于重载时高速（$n > n_0$）

下放重物。

（4）电路的联锁与保护。

① 由强力下降过渡到制动下降，为避免出现高速下降的保护，轻载下放时，允许手柄置于"下3""下4"与"下5"各挡位，且下降速度依次提高。若驾驶员对货物重量估计失误，而将控制器手柄置于"下5"挡位，则货物在自身重力矩与电动机下降电磁转矩作用下加速下降，速度越来越快，电动机反转电动状态进入再生发电制动状态，其过渡情况如图5-24所示。工作点由强力下降"下5"特性过渡到第Ⅳ象限上的d点，以高于同步转速的速度下降，这是很危险的，为此，应将手柄立即扳回到"下2"或"下1"挡位，使重物进入低速制动下降。就在手柄回扳过程中，势必要经过"下4"与"下3"挡位。在转换过程中触点SA9～SA12断开，接触器KM5～KM8断电，电动机转子电阻逐级串入，机械特性变软，使电动机再生发电制动速度越来越高。工作点由图5-24中的d点过渡到再生发电制动曲线，即"下4""下3"特性在第Ⅳ象限的延长线，再进入"下2"特性曲线上的e点，最后稳定运行在"下2"特性的f点上。为了避免转换过程中出现高速下降，在图5-23电路中，将触点KM1与触点KM8串接后接于SA8与KM8线圈之间，这时手柄置于"下5"挡位，KM8通电并自锁，再由"下5"挡位扳回"下4"与"下3"挡位时，虽触点SA12断开，但经SA8、KM1、KM8仍使KM8通电，转子电阻始终只串入一段常串的软化级电阻，使电动机仍工作在强力下降"下5"特性上，实现由强力下降过渡到制动下降时避免出现高速下降的保护。在该支路中串入触点KM1是为了在电动机正转相序接线时，该触点断开使支路不起作用。

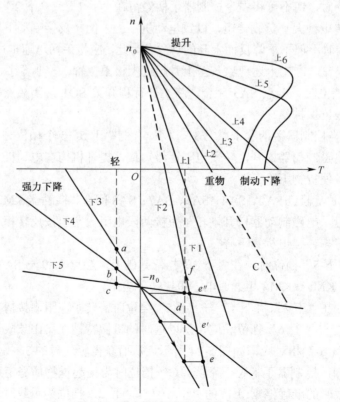

图5-24 磁力控制器控制的电动机的机械特性

② 保证反接制动电阻串入的条件下才进入制动下降的联锁。控制器手柄由"下3"扳到"下2"挡位时，触点 SA5 断开，SA6 闭合，KM1 断电释放，KM0 通电吸合，电动机处于反接制动状态。为保证正确进入"下 2"挡位的反接特性，避免反接时产生过大的冲击电流，应使 KM8 立即断电释放并加入反接电阻，且要求只有在 KM8 断电后才允许 KM0 通电。为此，一方面在主令控制器触点闭合顺序上保证 SA8 断开后 SA6 才闭合；另一方面增设了触点 KM8 和 KM1 与触点 KM0 构成互锁环节。这就保证只有在 KM8 断电释放后，KM0 才能接通并自锁工作，此环节还可防止由于 KM8 主触点因电流过大出现熔焊使触点分不开，转子只剩常串电阻情况下电动机正向直接启动的故障发生。

在控制器"下 1"至"下 5"挡位时，为确保电磁制动器 YA 通电吸合，先将抱闸松开，即 KM2 通电。为此，在 KM2 控制电路中设置了触点 KM0、KM1、KM2 的并联电路，当手柄在"下 2"与"下 3"挡位之间换接时，由于 KM0 与 KM1 采用了电气与机械互锁，这样在换接过程中有一瞬间两个均未吸合，为此引入 KM2 自锁触点，以确保 KM2 始终通电。

加速接触器 KM5～KM7 的常开触点串接于下一级加速接触器 KM6～KM8 电路中，实现短接转子电阻的顺序联锁作用。

③ 完善的保护。由电压继电器 KV 与主令控制器 SA 实现零压与零位保护，过电流继电器 KA1 实现过电流保护，行程开关 SQ1 实现吊钩上升与下降的限位保护。

（四）10t 交流桥式起重机电路分析

1. 起重机的供电特点

交流起重机电源由公共的交流电网供电，由于起重机需要经常移动，所以其与电源之间不能采用固定连接方式，对于小型起重机，供电方式采用软电缆供电，随着大车或小车的移动，供电电缆随之伸展和叠卷。对于一般桥式起重机，常用滑线和电刷供电。三相交流电源接到沿车间长度方向架设的 3 根主滑线上，然后通过电刷引到起重机的电气设备上，进入驾驶室中的保护盘上的总电源开关，再向起重机各电气设备供电。对于小车及其上的提升机构等电气设备，则经过位于桥架另一侧的辅助滑线来供电。

滑线通常用角钢、圆钢、V 形钢轨来制成。当电流值很大或滑线太长时，为减少滑线电压降，常将角钢与铝排逐段并联，以减少电阻值。在交流系统中，圆钢滑线因趋肤效应的影响，只适用于短线路或小电流的供电线路。

2. 电路构成

10t 交流桥式起重机控制电路原理如图 5-25 所示。10t 桥式起重机只有 1 个吊钩，但大车采用 2 台电动机分别驱动，所以共用了 4 台绕线转子异步电动机拖动。起重电动机 M1、小车驱动电动机 M2、大车驱动电动机 M3 和 M4 分别由 3 只凸轮控制器控制：QM1 控制 M1、QM2 控制 M2、QM3 同步控制 M3 与 M4；R1～R4 分别为 4 台电动机转子电路串入的调速电阻器；YB1～YB4 分别为 4 台电动机的制动电磁铁。三相电源由断路器 QS1 引入，并由接触器 KM 控制。过电流继电器 KA0～KA4 提供过电流保护，其中 KA1～KA4 为双线圈式，分别保护 M1、M2、M3 和 M4，KA0 为单线圈式，单独串联在主电路的一相电源线中，作总电路的过电流保护。

该电路的控制原理已在分析图 5-19 时介绍过，不同的是凸轮控制器 QM3 共有 17 对触点，比 QM1、QM2 多了 5 对触点，用于控制另一台电动机的转子电路，因此可以同步控制两台绕线转子异步电动机。下面主要介绍该电路的保护电路部分。

（五）桥式起重机保护电路

保护电路主要是 KM 的线圈支路，位于图 5-25 中的 7~10 区。与图 5-19 中的电路一样，该电路具有欠电压、零压、零位、过电流、行程终端限位保护和安全保护共 6 种保护功能。不同的是，图 5-25 中的电路需要保护 4 台电动机，因此在 KM 的线圈支路中串联的触点较多一些。

1. 欠电压保护

接触器 KM 本身具有欠电压保护功能，当电源电压低于额定电压的 85%时，KM 因电磁吸力不足而复位，其常开主触点和自锁触点都断开，从而切断电源。

2. 零压保护与零位保护

按下按钮 SB，SB 常开触点与 KM 的自锁常开触点并联的电路，都具有零压（失电压）保护功能，在操作中一旦断电，必须再次按下按钮 SB 才能重新接通电源。与启动按钮 SB 串联的是 3 只凸轮控制器的零位保护触点：QM1、QM2 的触点 12 和 QM3 触点 17，由图 5-25可见，采用凸轮控制器控制的电路在每次重新启动时，必须将凸轮控制器旋回中间的零位，使触点 12 或触点 17 接通，按下按钮 SB 才能接通电源，这样就防止控制器不在第 1 挡时，在电动机转子电路串入的电阻较小的情况下启动电动机，造成较大的启动转矩和电流冲击，甚至造成事故。这一保护作用称为"零位保护"。触点 12 或触点 17 只有在零位才接通，而其他 10 个挡位均断开，称为零位保护触点。

3. 过电流保护

起重机的控制电路往往采用过电流继电器作为电动机的过载保护与线路的短路保护，KA0~KA4 为 5 只过电流继电器的常闭触点，串联在 KM 线圈支路中，一旦电动机过电流，便切断 KM，从而切断电源。此外，KM 的线圈支路采用熔断器 FU 作短路保护。

4. 行程终端限位保护

行程开关 SQ1、SQ2 分别用于小车的右行和左行的行程终端限位保护，其常闭触点分别串联在 KM 的自锁支路中。以小车右行为例分析保护过程。将 QM2 右旋→M2 正转→小车右行→若行至行程终端还不停下→碰 SQ1→SQ1 常闭触点断开→KM 线圈支路断电→切断电源。此时只能将 QM2 旋回零位→重新按下按钮 SB→KM 线圈支路通电（并通过 QM2 的触点 11 及 SQ2 的常闭触点自锁）→重新接通电源→将 QM2 左旋→M2 反转→小车左行，退出右行的行程终端位置。与图 5-19 中的电路有较大区别的是限位保护电路（位于图 5-25 中的 7区），因为 3 只凸轮控制器分别控制吊钩、小车和大车做垂直、横向和纵向共 6 个方向的运动，所以除吊钩下降不需要提供限位保护之外，其余 5 个方向都需要提供行程终端限位保护，相应的行程开关和凸轮控制器的常闭触点均串入 KM 的自锁触点支路中，行程终端限位保护电器及触点如表 5-3 所示。

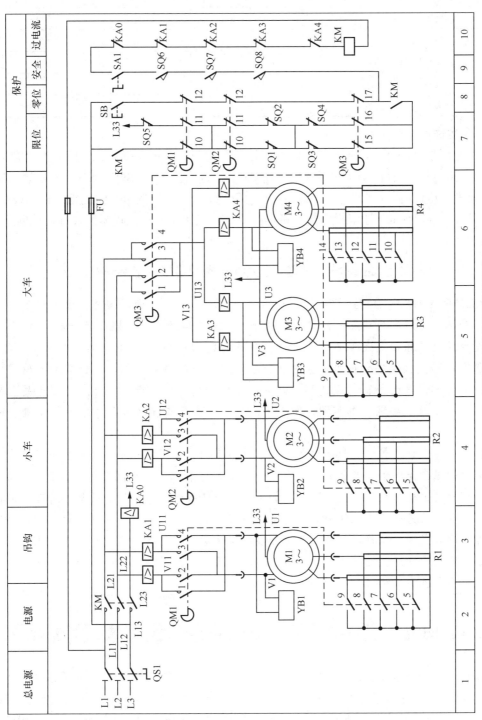

图 5-25 10t 交流桥式起重机控制电路原理

表 5-3　　　　　　　　　　　行程终端限位保护电器及触点

运 行 方 向		驱动电动机	凸轮控制器及保护触点		限位保护行程开关
吊钩	向上	M1	QM1	11	SQ5
小车	右行	M2	QM2	10	SQ1
	左行			11	SQ2
大车	前行	M3、M4	QM3	15	SQ3
	后行			16	SQ4

5. 安全保护

SA1 是事故紧急开关，SQ6 是舱口安全开关，SQ7 和 SQ8 是横梁栏杆门的安全开关，平时驾驶舱门和横梁栏杆门都应关好，保证桥架上无人，将 SQ6、SQ7、SQ8 都压合；当有人进入桥架进行检修时，这些门开关就被打开，即使按下"SB"按钮，也不能使 KM 线圈支路通电；只有 SQ6 被压，才能操纵起重机运行，一旦发生事故或出现紧急情况，就断开 SA1 紧急停车。

【拓展阅读】桥式起重机冲出大车轨道事故案例分析

2006 年某钢厂一台 75t 桥式起重机，运行中冲出大车轨道，缓冲器碰头撞飞，起重机从厂房端部（厂房两端没有围墙）落到地面，造成车毁人亡（操作者当场死亡）事故。事故发生的直接原因是大车运行终点行程开关失灵，用于大车碰撞的挡铁安装不够牢固；间接原因是起重机操作者精神不集中。针对这起严重的事故案例，分析其主要原因在于设计时未考虑设置运行机构减速行程开关；该桥式起重机大车运行终点行程开关失灵，缓冲碰头（车挡）安装不够牢固，留下事故隐患；操作者精神不集中，未能正确处理险情造成事故。

设计者在设计桥式起重机的电气控制系统方案时，必须重点从安全可靠角度考虑，在起升和运行限位上增加一套保护。现在大部分桥式起重机的起升机构都增加了（原来有重锤式行程开关）旋转行程开关，运行上加了一套减速行程开关。原来设备上没有的保护装置应进行改造。另外，提醒使用者随时掌握行程开关的运行情况，发现问题及时解决。在进行相关设计或操作工作时，务必要结合实际在方案设计时考虑失电压、终端限位等完善的保护；无论是作为设计师还是操作员都要具备安全防范意识、爱岗敬业和严谨认真等职业素养，在工作中严格遵守企业质量管理标准。

 项目小结

本项目介绍了桥式起重机的结构与运动形式，桥式起重机对电力拖动控制的主要要求，电压继电器、电流继电器、电磁制动器、凸轮控制器、主令控制器的结构原理及其文字图形符号，以及绕线转子异步电动机转子的多种控制电路。在应用中，主要分析了凸轮控制器控制的桥式起重机控制电路及机械特性，分析了主令控制器和磁力控制盘控制的桥式起重机电路，并简单介绍了 10t 交流桥式起重机控制电路及桥式起重机的安全保护措施。

在分析桥式起重机电气控制电路时，应了解绕线转子异步电动机转子回路串不同电阻时的机械特性，掌握凸轮控制器的触点通断表与图形符号，桥式起重机具有的各种保护，以及实现这些保护的方法，这样才能正确分析桥式起重机电气线路原理。

 习题及思考

1．桥式起重机主要由哪几部分组成？桥式起重机有哪几种运动方式？

2．桥式起重机电力拖动系统由哪几台电动机组成？

3．起重电动机的运行工作有什么特点？对起重电动机的拖动和控制有什么要求？

4．起重电动机为什么要采用电气和机械双重制动？

5．电流继电器在电路中的作用是什么？它和热继电器有何异同？起重机上电动机为何不采用热继电器作过电流保护？

6．凸轮控制器控制电路原理图是如何表示其触点状态的？

7．是否可用过电流继电器作电动机的过载保护？为什么？

8．凸轮控制器控制电路的零位保护与零压保护，两者有什么异同？

9．桥式起重机有哪些保护电路？

10．试分析图 5-19 所示的凸轮控制器控制电路的工作原理。

11．如果在下放重物时，因重物较重而出现超速下降，应如何操作？

项目六 电气综合控制系统

 学习目标

1. 了解平面磨床的主要结构和运动形式，并熟悉磨床的基本操作过程。

2. 熟悉 M7130 型平面磨床电气控制电路的工作原理与电气故障的分析方法。

3. 掌握电镀生产线的电气控制要求，能够分析相关控制电路的电气原理。

4. 掌握电动葫芦的电气控制要求，能够分析相关控制电路的电气原理。

5. 掌握 C650 型车床的组成与运动规律及电气控制要求。

6. 能够识读及分析 C650 型车床的电气原理图。

7. 能够分析 C650 型车床的常见电气故障。

8. 了解电梯的基本知识，熟悉电梯的机械系统、电气系统的基本结构。

9. 了解交流集选控制电梯开关门电路、厅召唤电路、指层电路、加减速电路等工作电路的组成及基本工作原理。

10. 培养学生勇于承担、不断创新、敬业奉献的工匠精神，使大家具备清洁生产、节能减排的环保意识。

案例一 M7130 型平面磨床的电气控制

磨床是用磨具和磨料（如砂轮、砂带、油石、研磨剂等）对工件的表面进行磨削加工的一种机床，它可以加工各种表面，如平面、内外圆柱面、圆锥面和螺旋面等。通过磨削加工，使工件的形状及表面的精度、光洁度达到预期的要求。同时，它还可以进行切断加工。根据用途和采用的工艺方法不同，磨床可以分为平面磨床、外圆磨床、内圆磨床、工具磨床和各种专用磨床（如螺纹磨床、齿轮磨床、球面磨床、导轨磨床等），其中以平面磨床使用最多。平面磨床又分为卧轴和立轴、矩台和圆台 4 种类型。下面以 M7130 型卧轴矩台平面磨床为例，介绍磨床的电气控制电路。

M7130 型平面磨床型号的含义如下。

1. 平面磨床的主要结构和运动形式

M7130 型卧轴矩台平面磨床的主要结构包括床身、立柱、滑座、砂轮箱、工作台、按钮站和电磁吸盘，如图 6-1 所示。磨床的工作台表面有 T 形槽，可以用螺钉和压板将工件直接固定在工作台上，也可以在工作台上装上电磁吸盘，用来吸持铁磁性的工件。平面磨床的主运动和进给运动如图 6-2 所示。平面磨床砂轮与砂轮电动机均装在砂轮箱内，砂轮直接由砂轮电动机带动旋转；砂轮箱装在滑座上，而滑座装在立柱上。

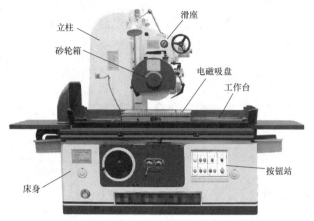

图 6-1 M7130 型卧轴矩台平面磨床结构

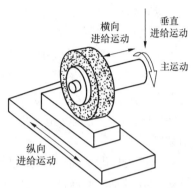

图 6-2 平面磨床的主运动和进给运动

磨床的主运动是砂轮的旋转运动，而进给运动则分为以下 3 种运动。

（1）工作台（带动电磁吸盘和工件）做纵向进给运动。

（2）砂轮箱沿滑座上的燕尾槽做横向进给运动。

（3）砂轮箱和滑座一起沿立柱上的导轨做垂直进给运动。

【拓展阅读】李淑团："磨"出来的大国工匠

全国三八红旗手李淑团是河南三门峡中原量仪科技有限公司的首席员工、高级磨工。在她手中，一个个最原始的铁块变成一个个精致零件，有的还被载上航天飞船飞入太空。

李淑团从 1990 年被招工进厂后，先是在基层车间做了 6 年的车工。在这个艰苦枯燥的岗位上，她成为技术骨干。1996 年，凭着过硬的技术，她调到精加工车间磨工组，在精加工车间，有一台从瑞士引进的高精度万能磨床 S40，因为程序复杂、操作难度大而被长期闲置封存。李淑团借来相关书籍和资料，晚上回家学习，白天对照说明书上机操作，不断摸索，反复尝试，夜以继日地钻研，3 个月后她终于熟练掌握了 S40 的各种操作，不仅为公司解决了许多加工技术上的难题，还为国内外客户加工出了大量的"高精尖"零部件。

2012 年，李淑团在公司拳头产品的拼合式气动量仪零件加工中，一举攻克了关键零件"锥度玻璃管"的加工技术难关。她经过反复试验，创新出了以磨代研的技术，解决了精细加工中的难题，每年为公司节约资金 50 多万元，填补了国内"锥度玻璃管"的加工技术空白。

李淑团从中原量仪的工作一线走来，在 20 多年的勤奋工作和技术创新的历程中，先后荣获河南省五一劳动奖章、全国五一劳动奖章、全国劳动模范等荣誉称号。2017 年，被全国妇联授予全国三八红旗手荣誉称号。

2. 平面磨床的电力拖动形式和控制要求

M7130 型卧轴矩台平面磨床采用多台电动机拖动，其电力拖动和电气控制、保护的要求如下。

（1）砂轮由一台笼型异步电动机拖动。因为砂轮的转速一般不需要调节，所以对砂轮电动机没有电气调速的要求，也不需要反转，可直接启动。

（2）因为平面磨床的纵向和横向进给运动一般采用液压传动，所以需要由一台液压泵电动机驱动液压泵，对液压泵电动机也没有电气调速、反转和降压启动的要求。

（3）同车床一样，平面磨床也需要一台冷却泵电动机提供冷却液，冷却泵电动机与砂轮电动机也具有联锁关系，即要求砂轮电动机启动后才能开动冷却泵电动机。

（4）平面磨床往往采用电磁吸盘来吸持工件。电磁吸盘要有退磁电路，为防止在磨削加工时因电磁吸盘吸力不足而造成工件飞出，还要求有弱磁保护环节。

（5）具有各种常规的电气保护环节（如短路保护和电动机的过载保护）；具有安全的局部照明装置。

3. M7130 型平面磨床电气控制电路分析

M7130 型平面磨床的电气原理如图 6-3 所示。

（1）主电路。三相交流电源由电源开关 QS 引入，由 FU1 作全电路的短路保护。砂轮电动机 M1 和液压泵电动机 M3 分别由接触器 KM1、KM2 控制，并分别由热继电器 FR1、FR2 作过载保护。因为磨床的冷却泵箱是与床身分开安装的，所以冷却泵电动机 M2 由插头插座 X1 接通电源，在需要提供冷却液时才插上。电动机 M2 受电动机 M1 启动和停转的控制。由于电动机 M2 的容量较小，因此不需要过载保护。3 台电动机均直接启动，单向旋转。

（2）控制电路。控制电路采用 380 V 电源，由 FU2 作短路保护。SB1、SB2 和 SB3、SB4 分别为电动机 M1 和 M3 的启动、停止按钮，通过接触器 KM1、KM2 控制电动机 M1 和电动机 M3 的启动、停止。

（3）电磁吸盘电路。电磁吸盘的结构与工作原理如图 6-4 所示。其线圈通电后产生电磁吸力，以吸持铁磁性材料的工件进行磨削加工。与机械夹具相比较，电磁吸盘具有操作简便、不损伤工件的优点，特别适合于同时加工多个小工件。采用电磁吸盘的另一优点是工件在磨削时能够自由伸缩，不至于变形。但是电磁吸盘不能吸持非铁磁性材料的工件，而且其线圈必须使用直流电。

如图 6-3 所示，变压器 T1 将 220 V 交流电降压至 127 V 后，经桥式整流器 VC 变成 110 V 直流电压供给电磁吸盘线圈 YH。SA2 是电磁吸盘的控制开关，待加工时，将 SA2 扳至右边的"吸合"位置，触点 301—303、302—304 接通，电磁吸盘线圈通电，产生电磁吸力将工件牢牢吸持。加工结束后，将 SA2 扳至中间的"放松"位置，电磁吸盘线圈断电，可将工件取下。如果工件有剩磁难以取下，可将 SA2 扳至左边的"退磁"位置，触点 301—305、302—303 接通，可见此时线圈通以反向电流产生反向磁场，对工件进行退磁。注意这时要控制退磁的时间，否则工件会因反向充磁而更难取下。R2 用于调节退磁的电流。采用电磁吸盘的磨床还配有专用的交流退磁器，如图 6-5 所示。如果退磁不够彻底，可以使用退磁器退去剩磁。图 6-3 中的 X2 是退磁器的电源插座。

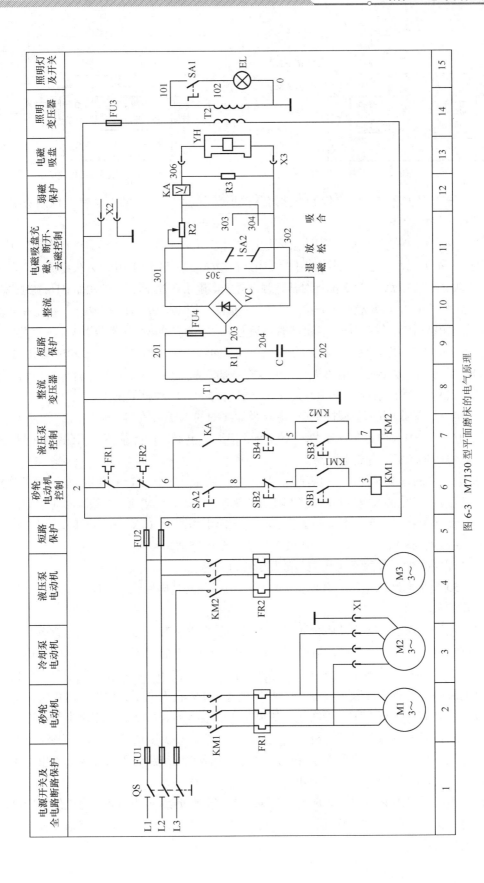

图 6-3　M7130 型平面磨床的电气原理

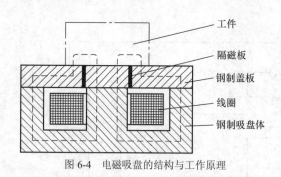

图 6-4　电磁吸盘的结构与工作原理

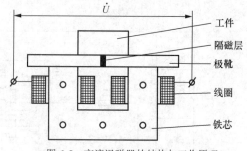

图 6-5　交流退磁器的结构与工作原理

（4）电气保护环节。除常规的电路短路保护和电动机的过载保护之外，电磁吸盘电路还专门设有一些保护环节。

① 电磁吸盘的弱磁保护。采用电磁吸盘来吸持工件有许多好处，但在进行磨削加工时，一旦电磁吸力不足，就会造成工件飞出事故。因此在电磁吸盘线圈电路中串入欠电流继电器 KA 的线圈，KA 的常闭触点与 SA2 的一对常开触点并联，串接在控制砂轮电动机 M1 的接触器 KM1 线圈支路中。SA2 的常开触点（6—8）只有在"退磁"挡才接通，而在"吸合"挡是断开的，这就保证了电磁吸盘在吸持工件时有足够的充磁电流，才能启动砂轮电动机 M1。在加工过程中一旦电流不足，欠电流继电器 KA 就会动作，及时地切断 KM1 线圈电路，使砂轮电动机 M1 停转，避免事故发生。如果不使用电磁吸盘，可以将其插头从插座 X3 上拔出，将 SA2 扳至"退磁"挡，此时 SA2 的常开触点（6—8）接通，不影响对各台电动机的操作。

② 电磁吸盘线圈的过电压保护。电磁吸盘线圈的电感量较大，当"SA2"在各挡间转换时，线圈会产生很大的自感电动势，使线圈的绝缘和电器的触点损坏。因此在电磁吸盘线圈两端并联电阻器 R3 作为放电回路。

③ 整流器的过电压保护。在整流变压器 T1 的二次侧并联由 R1、C 组成的阻容吸收电路，用以吸收交流电路产生的过电压和在直流侧电路通断时产生的浪涌电压，对整流器进行过电压保护。

（5）照明电路。照明变压器 T2 将 380 V 交流电压降至 36 V 安全电压供给照明灯 EL，EL 的一端接地，SA1 为灯开关，由 FU3 提供照明电路的短路保护。

4. M7130 型平面磨床常见电气故障的诊断与检修

M7130 型平面磨床电路与其他机床电路的主要不同是电磁吸盘电路，在此主要分析电磁吸盘电路的故障。

（1）电磁吸盘没有吸力或吸力不足。如果电磁吸盘没有吸力，首先应检查电源，从整流变压器 T1 的一次侧到二次侧，再检查到整流器 VC 输出的直流电压是否正常；检查熔断器 FU1、FU2、FU4；检查 SA2 的触点、插头插座 X3 是否接触良好；检查欠电流继电器 KA 的线圈有无断路；检查电磁吸盘线圈 YH 两端有无 110 V 直流电压。如果电压正常，电磁吸盘仍无吸力，则需要检查 YH 有无断线。如果是电磁吸盘的吸力不足，则多半是工作电压低于额定值，如桥式整流电路的某一桥臂出现故障，使全波整流变成半波整流，整流器 VC 输出的直流电压下降了一半，也可能是 YH 线圈局部短路，使空载时整流器 VC 输出电压正常，而接上 YH 后，电压低于正常值 110 V。

（2）电磁吸盘退磁效果差。应检查退磁回路有无断开或元件损坏。退磁的电压过高也会影响退磁效果，应调节 R2 使退磁电压为 5～10 V。此外，还应考虑是否有退磁操作不当的原因，如退磁时间过长。

（3）控制电路接点（6—8）的电气故障。平面磨床电路较容易产生的故障还有控制电路中由 SA2 和 KA 的常开触点并联的部分。如果 SA2 和 KA 的触点接触不良，使接点（6—8）间不能接通，则会造成 M1 和 M2 无法正常启动，平时应特别注意。

案例二　电镀生产线的电气控制

1. 控制要求

某厂电镀车间为提高效率、促进生产自动化和减轻劳动强度，提出制造一台专用半自动起吊设备。设备采用远距离控制，起吊质量在 500kg 以下，起吊物品是待进行电镀及表面处理的各种产品零件。根据工艺要求，专用行车的结构与动作流程如下：在电镀生产线的一侧，工人将零件装入吊篮，并发出信号，专用行车便自动前进，然后按工艺要求在需要停留的槽位停止，并自动下降，停留一定时间（各槽停留时间预先按工艺调定）后自动提升，如此完成电镀工艺的每一道工序，直至生产线的末端，由人工卸下零件，发出信号，专业行车便自动返回原位。电镀工艺流程图如图 6-6 所示。

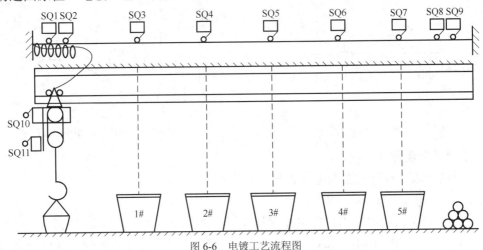

图 6-6　电镀工艺流程图

对于不同零件，其镀层要求和工艺过程是不同的。为了节省场地、适应批量生产需要、提高设备利用率和发挥最大经济效率，该设备还要求电气控制系统能针对不同工艺流程（例如镀锌、镀铬、镀镍等）有程序预选和修改能力。设备机械结构与普通小型行车结构类似，跨度较小，但要求准确停位，以便吊篮能准确进入电镀槽内。工作时，除具有自动控制的大车移动（前后）与吊物上下运动外，还有调整吊篮位置的小车运动（左右）。生产线上镀槽的数量，由用户综合各种电镀工艺的需要提出要求，电镀种类越多，则槽数也越多。为简化设计过程，定为 5 个电镀槽，停留时间由用户根据工艺要求进行整定。具体要求有以下几点。

（1）专用行车沿轨道平移及吊篮升降分别驱动，采用两台三相异步电动机，型号、规格相同，均为 JO2-12-4 型 0.8kW，1.99A，1 414r/min，380V，采用机械减速。

（2）控制装置具有程序预选功能（按电镀工艺确定需要停留工位）。一旦程序选定，除上下装卸零件，整个电镀工艺应能自动进行，各槽可选择停留。

（3）前后运动和升降运动要求准确停位。升降电动机升降时采用能耗制动及电磁制动器以保安全。前后、升降运动之间有联锁作用。

（4）采用远离控制，直流电源采用单相桥式整流电路。

（5）应有极限保护和其他必要的保护措施。

（6）控制电路电压为380V。

2. 主电路设计

根据系统要求设计的主电路如图6-7、图6-8所示。

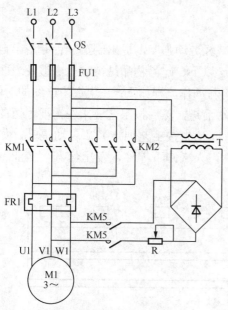

图6-7　大车前后运动的主电路

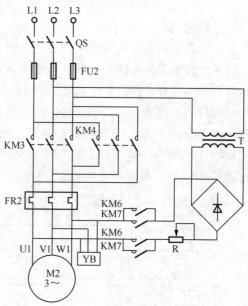

图6-8　小车升降运动的主电路

3. 设计控制电路

根据系统要求，设计的控制电路如图6-9所示。

线路原理分析如下。

按下前进启动按钮SB1，KM1、KA1得电，大车电动机M1正转自锁，大车前进。前进到1#槽时压下开关、SQ3，KM1、KA1失电，KM5、KT1得电，KM4、KA4得电，大车电动机M1停止前进，进行能耗制动，10s后KT1动作，电动机M1制动结束，同时小车M2电动机反转，小车下降。下降至下限时压下开关SQ11，KM4、KA4失电，KM7、KT3、KT4得电，小车下降制动。KT3是下降能耗制动时间继电器，设定为10s，KT4是1#槽电镀延时时间继电器，KT4延时30s后，KM3、KA3得电，小车电动机M2正转，小车上升。上升至上限时压下开关SQ10，KM3、KA3失电，KM6、KT2得电，电动机M2进行能耗制动，制动时间由KT2设定，同时KM1、KT1得电自锁，大车电动机M1正转前进。前进到2#槽时压下开关SQ4，KM1、KA1失电，KM5、KT1得电，KM4、KA4得电自锁，大车电动机M1停止前进，进行能耗制动，10s后KT1动作，电动机M1制动结束，KM5失电，同时小车电动机M2反转，小车下降。下降至下限时压下开关SQ11，KM4、KA4失电，KM7、KT3、KT5得电，小车下降制动。KT3是下降能耗制动时间继电器，设定为10s，KT5是2#槽电镀延时时间继电器，KT5延时30s后，KM3、KA3得电，小车电动机M2正转，小车上升。上升至上限时压下开关SQ10，KM3、KA3失电，KM6、KT2得电，电动机M2进行能耗制动，制动时间由KT2设定，同时KM1、KT1得电，大车电动机M1正转前进。前进到3#槽时压下开关SQ5，动作过程同1#和2#槽。

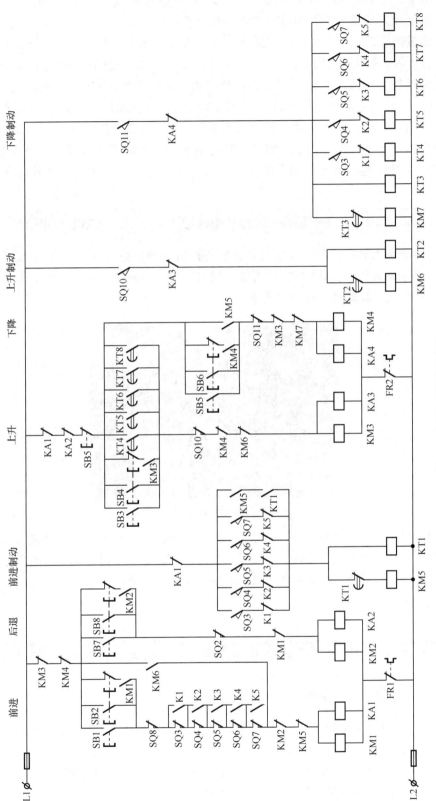

图 6-9 电镀生产线控制电路

大车后退：按下后退启动按钮 SB7，KM2、KA2 得电自锁，电动机 M1 反转，大车后退至原位时压下开关 SQ2 停止。SB8 是大车后退点动按钮。

按下前进按钮 SB1 在原位启动，需在原位工人将零件装入吊篮并点动上升至上限后启动，也可在原位下限位按按钮 SB3 启动后先上升至上限，再前进完成各个槽的电镀。

1#～5#槽各个工位可根据不同工件选择使用，若某个工位不使用，则将对应工位的开关合上，前进、后退、上升、下降都有相应的点动按钮单独操作：（SB2、SB8、SB4、SB6），方便操作。前进和后退、上升和下降都有互锁，SQ1 用于原位限位保护，SQ8、SQ9 用于终端限位保护。大车、小车的能耗制动时间可由相应的时间继电器调整，每个槽的电镀时间也可根据需要调整，小车升降电动机 M2 除了有能耗制动还有断电抱闸制动 YB，以保证安全。

【拓展阅读】携手打造高效的绿色中国智能生产线——电镀自动生产线

我国第一条无废水排放、自然闭路循环的氰铜-亮铜-亮镍-铬电镀自动生产线，具有国内先进水平的成果，于 1987 年 11 月下旬通过了鉴定。如图 6-10 所示，此生产线基本上达到了无电镀废水排放的节能环保要求。

图 6-10 节能环保自动电镀生产线

电镀自动生产线制造中贯彻"清洁生产""节能减排"，让生产线无隐蔽工程，变速负压排风净化系统，封闭式生产线，在线监控和检测的理念。中国正在建设或准备设计的电镀自动生产线，应该要体现电镀生产线的合理规划，新技术的实施，新材料的引入，智能理念的采用和贯彻实施。

案例三　C650 型车床的电气控制

一、电气控制线路特点

C650 型车床属于中型普通车床，床身最大工件回转半径为 1 020mm，最大长度为 3 000mm。其外形如图 6-11 所示。

该车床共有 3 台电动机，M1 为主电动机，功率为 30kW，可以实现点动、正反转控制，除了具有短路保护和过载保护外，还通过电流互感器 TA 接入电流表 A 以监视主电动机的电流。主回路中，还串入了限流电阻 R，它的作用有两个：一是在点动时，可防止因连续启动而过载，故经 R 实现降压启动，以减小启动电流的冲击；二是在制动时，经 R 可减小制动电流。M2 为冷却泵电动机，功率为 0.15kW，由接触器 KM4 控制通断，其启停控制方法与单向启动控制方法完全相同，也具有短路和过载保护。M3 为溜板箱快移电动机，用以减轻个人劳动强度，节约辅助工作时间，功率为 2.2kW，由接触器 KM5 控制，由于溜板箱在快速移动时连续工作时间不长，因此未设过载保护。

图 6-11　C650 型车床外形图

二、电路工作原理

图 6-12 所示为 C650-2 型车床电气控制的主电路。图 6-13 所示为 C650-2 型车床电气控制的控制电路。

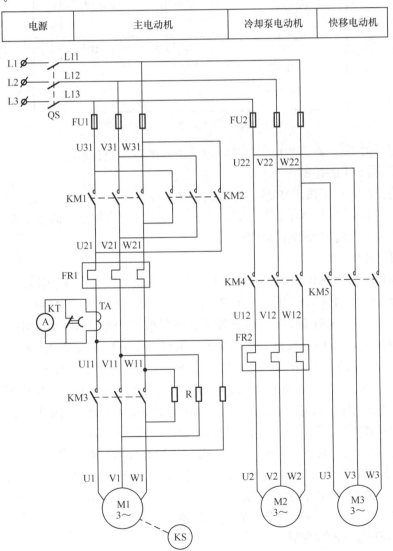

图 6-12　C650-2 型车床电气控制的主电路

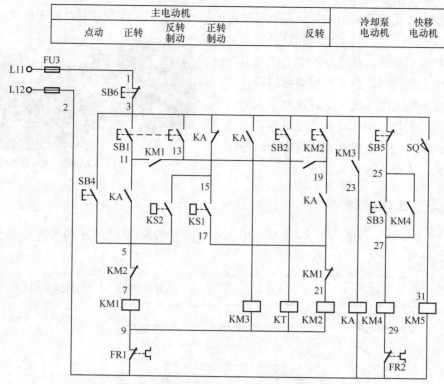

图 6-13　C650-2 型车床电气控制的控制电路

合上电源开关 QS，将三相电源接通，电路进入准备工作状态。

1. 主电动机 M1 的控制

（1）点动控制。按下按钮 SB4，接触器 KM1 得电吸合，KM1 主触点闭合，主电动机 M1 经电阻 R 与电源接通，M1 降压启动，在此过程中，因中间继电器 KA 没通电，故 KM1 不自锁，松开 SB4，KM1 断电，M1 停止。

（2）正反转控制。

① 正转启动：按下 SB1，首先 KM3 得电吸合，主触点闭合，将电阻 R 短接，同时 KM3 常开触点闭合，KA、KM1 得电吸合，KM1 主触点闭合，主电动机 M1 在全压下直接正转启动，随着转速 n 升高，KS1 闭合，为正转制动作好了准备。松开 SB1 后，M1 仍将继续运转。

② 正转制动：按下停止按钮 SB6，接触器 KM1、KM3、KA 均断电释放，电动机电源被切断，此时 M1 在惯性旋转，KS1 仍闭合。当松开 SB6 时，KM2 得电吸合，主电动机 M1 经 KM2 主触点和电阻 R 串联接通反相序电源，电动机 M1 在反接制动作用下，旋转速度迅速下降，当电动机 M1 的转速下降到接近零（100～120r/min）时，速度继电器常开触点 KS1 断开，切断了 KM2 的通电回路，使电动机 M1 来不及反转即断电。

③ 反转启动：与正转启动类似，按下 SB2，KM3、KA、KM2 得电吸合，KM2 主触点闭合，主电动机 M1 在全压下直接反转启动，随着转速 n 升高，KS2 闭合，为反转制动作好了准备。松开 SB2 后，M1 仍将继续反转。

④ 反转制动：同正转制动类似，在此不赘述。

2. 冷却电动机 M2 的控制

M2 的控制是典型的单向启动控制电路。启动时按下 SB3，KM4 得电自锁，主触点闭合，

M2 启动运转。停止时，按下 SB5 即可。

3. 刀架快移电动机 M3 的控制

刀架快移是指通过转动刀架手柄，将行程开关 SQ 压住，使得 KM5 得电，KM5 主触点闭合，M3 启动。KM5 无自锁环节，当松开刀架手柄，行程开关 SQ 断开，M3 停止。行程开关 SQ 的作用相当于一个点动按钮。

4. 主电动机负载检测及保护环节

为了监视主电动机 M1 的电流情况，在 M1 的主电路中，经过电流互感器接入了一只电流表 A。为了防止电动机在点动和制动时大电流对电流表的冲击，将时间继电器 KT 的延时断开的常闭触点与电流表并联。M1 在启动时，启动电流很大，即电流互感器二次侧电流也很大，但此时 KT 的触点在延时时间内尚未断开，冲击电流只经过该延时触点，而电流表则无电流流过，保护了电流表，启动平稳后，电动机电流为正常值，而 KT 的触点也断开，电动机的正常工作电流才流过电流表，以便监视电动机在工作中电流的变化情况。当电流表上所示的电流与电动机额定电流相差较大时，需要及时采取必要的措施。

案例四　电动葫芦的电气控制

电动葫芦是将电动机、减速器、卷筒、制动器和运行小车等紧凑地合为一体的起承机械。由于它轻巧、灵活、成本较低，因此广泛用于中小型物件的起重吊装中。它可以是固定的，也可以通过小车和桥架组成电动单梁桥式起重机、简易双梁桥式起重机和简易龙门式起重机等。电动葫芦外形和结构形式如图 6-14 所示。

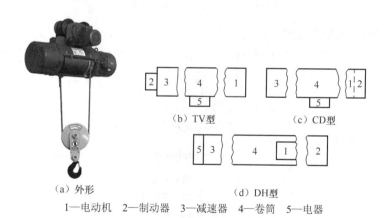

（a）外形　　　　　　　　　　（d）DH 型
1—电动机　2—制动器　3—减速器　4—卷筒　5—电器

图 6-14　电动葫芦外形和结构形式

电动葫芦根据电动机、制动器和卷筒等几种主要部件布置的不同，可分为 TV 型、CD 型、DH 型和 MD 型。电动葫芦按用途可分为通用电动葫芦和专用电动葫芦两种。通用电动葫芦可在 – 20～35℃ 温度范围内使用，不适用于易爆易燃、有酸碱和粉尘严重的场所。专用电动葫芦具有防爆、防腐蚀、防湿热等性能，适用于环境较恶劣的场所。

1. TV 型电动葫芦

TV 型电动葫芦的起重量为 0.25～5t，起升高度为 6～30m，提升速度为 4.5～10m/min，共有 23 种规格，另外有 1t、4t、10t 非标准电动葫芦。

图 6-15 所示为 TV 型电动葫芦提升机构图。电磁盘式制动器直接装在电动机轴上，依靠压缩弹簧实现制动。当制动器电磁铁线圈通电时，电磁铁吸力压紧弹簧，使制动片松脱，制动器松开，电动机自由转动。制动力矩大小可由调节螺丝来实现。对起重量 1t 以上的电动葫芦还装有一个载荷自制式制动器，与电磁盘式制动器联合制动。

TV 型电动葫芦的移行机构是由移行电动机经减速器拖动车轮组成，运行速度为 20～30m/min。

TV 型电动葫芦结构简单，制造、检修方便，电磁盘式制动器调整方便，采用较多通用部件，互换性好，但体积大、自重大，启动猛，运行欠稳，与单梁桥式起重机配套使用时启制动不便。

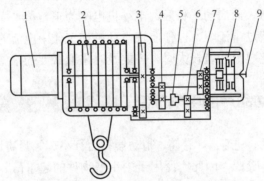

1—电动机 2—卷筒 3—第 4 级减速齿轮 4—第 2 级减速齿轮 5—载荷自制式制动器 6—第 3 级减速齿轮
7—第 1 级减速齿轮 8—电磁式盘式制动器 9—调节螺钉

图 6-15 TV 电动葫芦提升机构图

2. CD 型/MD 型电动葫芦

CD 型电动葫芦是我国自行设计的新产品，具有自重轻、体积小、结构简单等优点。它有 8 种起重量、10 种结构形式，型号意义如下。

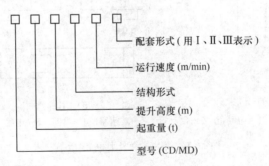

其中，CD 型为锥形转子电动机单速电动葫芦，MD 型为有慢速的电动葫芦。

CD 型电动葫芦的提升机构由锥形转子电动机、制动器、卷筒、减速器等部件组成。采用 JZZ、ZD、ZDY 系列锥形转子制动异步电动机。

当电动机接通电源时，在电动机转子上作用一个电磁力 F，如图 6-16 所示。该力作用方向垂直于锥形转子表面，它在轴线方向的分力 $F\sin\alpha$ 作用下使电动机转子沿电动机轴线往右移动，进而压缩弹簧，而与锥形转子同轴的风扇制动轮也随着右移，使风扇制动轮与电动机后端盖脱开，制动器处于松闸状态。制动时，依靠弹簧张力，使风扇制动轮和后端盖压紧，借助锥形制动圈的摩擦力实现制动。

常用的 CD 型电动葫芦由两个结构上相互有联系的提升机构和移动装置组成。它们都由各自的电动机拖动，其提升机构前已叙述，而电动葫芦的移动是借导轮的作用在工字梁上进行的，导轮由另一台电动机经圆柱形减速箱驱动。

图 6-17 所示为电动葫芦电气控制电路。提升电动机 M1 由上升、下降接触器 KM1、KM2 控制，移行电动机 M2 由向前、向后接触器 KM3、KM4 控制。它们都由电动葫芦悬挂按钮站上的 4 个复式按钮 SB1～SB4 实现电动控制，SQ 为提升行程开关。

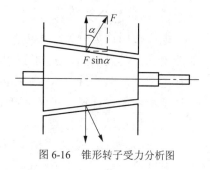

图 6-16　锥形转子受力分析图

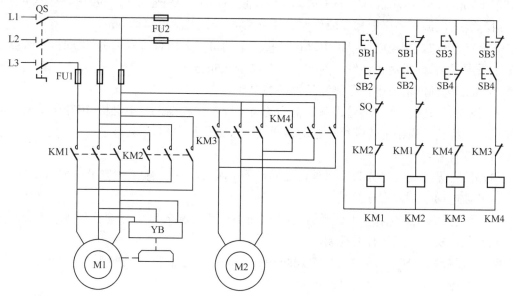

图 6-17　电动葫芦的电气控制电路

合上开关 QS，按下 SB1，KM1 得电，KM1 主触点闭合，电动机 M1 正转启动，带动电动葫芦上升，松开 SB1，M1 停止，电动葫芦停止上升；按下 SB2，KM2 得电，KM2 主触点闭合，电动机 M1 反转启动，带动电动葫芦下降，松开 SB2，M1 停止，电动葫芦停止下降。按下 SB3，KM3 得电，KM3 主触点闭合，电动机 M2 正转启动，带动电动葫芦前进，松开 SB3，M2 停止，电动葫芦停止前进；按下 SB4，KM4 得电，KM4 主触点闭合，电动机 M4 反转启动，带动电动葫芦后退，松开 SB4，M2 停止，电动葫芦停止后退。SB1 和 SB2，SB3 和 SB4 都有互锁，保证安全。

 ## 案例五　电梯的电气控制

（一）电梯概述

电梯是用电力拖动，将载有乘客或货物的轿厢，运行于铅垂的两列刚性导轨之间运送乘客或货物的固定设备。

1. 电梯的分类

电梯按用途可分为乘客电梯、载货电梯、客货电梯、病床电梯、住宅电梯、服务电梯、船舶电梯、观光电梯、车辆等电梯以及自动扶梯等。按速度一般可分为低速电梯（$v<1$m/s）、快速电梯（$v=1\sim2$m/s）、高速电梯（$v=2\sim4$m/s）、超高速电梯（$v=5\sim6$m/s）等。目前世界上速度最快的电梯速度可达800m/min左右。

（1）按拖动方式分类。

① 交流电梯。交流电梯曳引电动机是交流电动机。当电动机是单速时，称为交流单速电梯，其速度一般不高于0.5m/s。当电动机是双速时，称为交流双速电梯，其速度一般不高于1m/s。当电动机具有调压（Variable Voltage，VV）调速装置时称为交流调速电梯，速度一般不高于1.75m/s。当电动机具有调压调频（Variable Voltage Variable Freguency，VVVF）调速装置时称为交流调频调压电梯，简称VVVF控制电梯，其速度可达6m/s。

② 直流电梯。直流电梯曳引电动机是直流电动机，采用直流发电机-电动机系统驱动，近年来采用晶闸管-电动机系统，其速度一般高于2.5m/s。

③ 液压电梯。液压电梯是靠液压传动的电梯。

④ 齿轮齿条式电梯。齿轮齿条式电梯的齿条固定在构架上，电动机-齿轮传动机构装在轿厢上，靠齿轮在齿条上的爬行来驱动轿厢，一般为工程电梯。

（2）按有无驾驶员分类。

电梯按有无驾驶员可分为有驾驶员电梯、无驾驶员电梯及有/无驾驶员电梯。

（3）按电梯控制方式分类。

① 手柄操纵控制电梯。手柄操纵控制（Car Handle Control）是由电梯驾驶员操纵轿厢内的手柄开关，实现轿厢运行的控制。

② 按钮控制电梯。按钮控制（Pushbutton Control）是操纵层门外侧按钮或轿厢内按钮，均可发出指令，使轿厢停靠层站的控制。

③ 信号控制电梯。信号控制（Signal Control）是将层门外上下召唤信号、轿厢内选层信号及各种专用信号加以综合分析判断后，由驾驶员操纵轿厢运行的控制。

④ 集选控制电梯。集选控制（Collective Selective Control）是将层门外上下召唤信号、轿厢内选层信号及各种专用信号加以综合分析判断后，自动决定轿厢运行的无驾驶员控制。

⑤ 向下集合控制（向下集中控制）电梯。向下集合控制（Down Collective Control）是各层站的召唤盒有呼梯信号时，只有轿厢向下运行时才能顺向应答召唤停靠的控制。

其他还有并联控制电梯、楼群程序控制电梯等。

上述几种控制方式一般采用继电器-接触器控制。近年来国内不少生产厂家采用可编程序控制器取代继电器-接触器控制，它具有接线简单、可靠性高等优点。另外还有采用单板机、单片机、单微机控制、多微机控制。

2. 电梯的基本规格和型号

（1）电梯的基本规格。

① 电梯的用途。电梯的用途是指客梯、货物梯、病床梯等。

② 额定载重量。额定载重量是指设计规定的电梯载重量。这是选用电梯的主要依据，亦是电梯的主要参数。额定载重量也可用额定载乘客人数来表示，每位乘客一般以75kg计。

③ 额定速度。额定速度是指设计规定的电梯运行速度，单位为 m/s。额定速度也是电梯的主要参数。

④ 拖动方式。拖动方式是指电梯采用的动力种类，可分为交流电力拖动、直流电力拖动、液力传动等。

⑤ 控制方式。控制方式是指对电梯运行实行操纵的方式，即手柄操纵控制、按钮控制、信号控制、集选控制等。宾馆、饭店、办公大楼一般均采用集选控制，而住宅电梯常采用下集选控制。

⑥ 提升高度。提升高度是指从底层端站楼面至顶层端站楼面之间的垂直距离。

⑦ 停层站数。各楼层用于出入轿厢的地点称为层站，停层站数指在建筑物内共有的层站数。

⑧ 轿厢尺寸。轿厢尺寸是指轿厢内部尺寸和外廓尺寸，以深度×宽度表示。内部尺寸由梯种和额定载重量决定，外廓尺寸关系到井道的设计。

⑨ 门的形式。门的形式是指电梯门的结构形式，客梯中常用中分双扇门（中分门）及旁开双扇门（双折门）。

（2）电梯的型号。

① 由 7 个参数组成：a. 电梯的用途；b. 额定载重量；c. 额定速度；d. 拖动方式；e. 控制方式；f. 轿厢尺寸；g. 门的形式，通过以上 7 个参数基本可以确定一台电梯的服务对象、运送能力、工作性能以及对井道的机房等的要求，这些内容的搭配方式，又称为电梯系列型谱。

产品型号代号顺序如下。

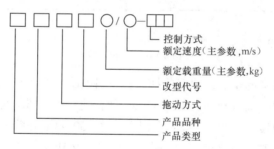

第一部分是类、组、型和该型代号。

第二部分是主要参数代号，其左上方为电梯额定载重量，右下方为额定速度，中间用斜线分开，均用阿拉伯数字表示。

第三部分是控制方式代号，用具有代表意义的大写汉字拼音字母表示。

② 电梯产品型号示例。

a. TKJ1000/2.5—JX：表示调速乘客电梯，额定载重量为 1 000kg，额定速度为 2.5m/s，集选控制。

b. TKZ1000/1.6—JX：表示直流乘客电梯，额定载重量为 1 000kg，额定速度为 1.6m/s，集选控制。

c. TKJ1000/1.6—JXW：表示计算机控制，交流调速乘客电梯，额定载重量为 1 000kg，额定速度为 1.6m/s，计算机处理集选控制。

d. THY1000/0.63—AZ：表示液压货梯，额定载重量为 1 000kg，额定速度为 0.63m/s，按钮控制，自动门。

（二）电梯的机械系统

电梯由机械和电气两大系统组成。机械系统由曳引系统、轿厢和对重装置、门系统、机械安全保护系统等组成。

1. 曳引系统

电梯的曳引系统是由曳引机、曳引钢丝绳、导向轮等组成的。曳引系统的功能是输出与传递动力，使电梯运行。

曳引机（Traction Machine）简图如图 6-18 所示。

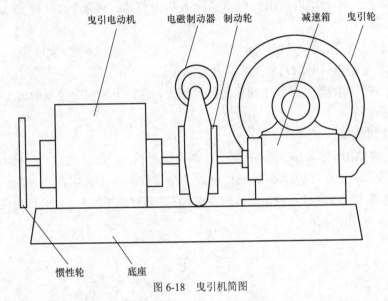

图 6-18　曳引机简图

交流客梯中使用较多的是交流双速电梯，其曳引电动机大都是双速双绕组笼型感应电动机，极数一般为 6/24 极，即 1 000/250（r/min），即快速绕组 6 极对应同步转速 1 000r/min 作为启动和稳速之用，而慢速绕组 24 极对应同步转速 250r/min 作为制动减速和慢速平层停车用，其型号为 JTD（后改型为 YTD），常用功率等级为 7.5kW、11.2kW、19kW 等。

图 6-19 所示为一种常见的电磁制动器简图。它是直流电磁铁。当电梯启动电动机通电时，电磁铁线圈同时通过电流，使左、右铁芯迅速磁化吸合，带动制动臂使其克服制动弹簧力使制动带与制动轮脱离，电梯得以运行。当电梯停站，电动机失电时，电磁铁线圈同时断电，电磁力迅速消失，铁芯在制动弹簧力作用下复位，制动带将制动轮抱紧，使电梯停止。

电磁制动器的调整方法如下。

（1）在确保安全可靠的前提下，通过制动弹簧调节螺母来调节制动弹簧的压缩量，产生合适的制动力矩，来满足平层准确度和舒适感的要求。

（2）为使制动器有足够的松闸力，须保证两个电磁铁铁芯的间隙，为此通过倒顺螺母进行调整。

（3）通过调整螺钉可调节制动轮与制动带之间的间隙，使间隙不大于 0.7mm 并保持均匀。

（4）松闸时使制动弹簧螺杆旋转 90°，闸即松开，便于检修。

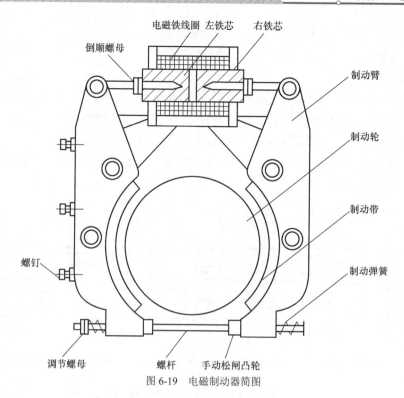

图 6-19 电磁制动器简图

一般速度小于 1.75m/s 的电梯，采用有齿曳引机，即电动机与曳引轮之间有减速箱。减速箱都采用一级蜗轮蜗杆传动。

图 6-18 中惯性轮又称飞轮，在交流电梯中一般设置在曳引电动机轴伸出端部，用以增加转动惯量，可使电梯在启制动过程中比较平滑，在转矩突变时，使电梯的速度变化有所缓和，提高舒适感。惯性轮在电梯检修时也可用作盘车手轮，靠人力使曳引机转动。

曳引轮也称驱绳轮，是曳引机的工作部分，轮缘上开有绳槽，绳槽内置放曳引绳，如图 6-20 所示，通过曳引绳连接轿厢和对重装置，并靠曳引机驱动使轿厢升降的专用钢丝绳。

图 6-20 中导向轮是使曳引绳从曳引轮导向对重装置或轿厢一侧所应用的绳轮。

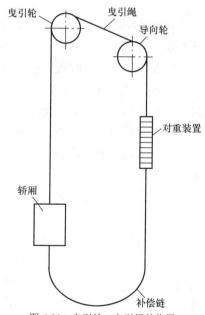

图 6-20 曳引轮、曳引绳的作用

2. 轿厢和对重装置

（1）轿厢。轿厢（Car）是用于运送乘客或货物的电梯组件。轿厢内的基本装置有如下几部分。

① 操纵装置，即对电梯实行操纵的装置，如按钮操作箱。

② 方位指示装置，即显示电梯运行方向及位置的装置，如轿内指层灯。

③ 应急装置，指电梯处于非正常状态时的轿内安全装置，如急停开关、警铃、电话或对讲机。

④ 通风设备，指风扇或抽风机，至少应有通风口。

⑤ 照明设备。

⑥ 电梯规格标牌。

轿厢顶均开有供紧急出入的安全窗。安全窗的面积应足供一个人出入。还应设有电气限位开关，当安全窗开启时切断控制电路，使电梯不能启动，以确保安全。

另外，轿厢顶上还需要安装自动开门机、电器箱、风扇、接线箱等。

集选控制电梯由于可以无驾驶员操纵，故轿厢需安装超载装置。常采用活动轿厢底式称重超载装置，如图 6-21 所示。

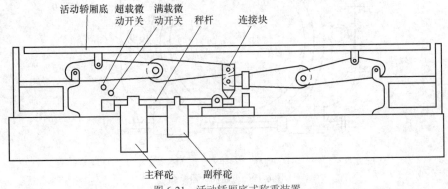

图 6-21 活动轿厢底式称重装置

其中活动轿厢底，即轿厢底与轿厢体是分离的。轿厢底浮支在称重装置上，因此轿厢底随着载重的变化在箱体内上下浮动。无载重时，秤杆在主秤砣及副秤砣作用下，其头部向上顶住连接块，平衡轿厢底板的自重，使轿厢处于原始位置。当轿厢内接受载重时，轿厢底与秤杆之间的平衡被打破，轿厢底向下移动，使连接块向下移动。当载重量达到电梯额定载重的 80%～90%时，秤杆压动满载微动开关，对于集选控制电梯接通直驶电路，运行中的电梯不允答厅外截停信号。当载重量达到电梯额定载重的 110%时，秤杆压动超载微动开关，电梯控制电路被切断，此时电梯不能启动。移动秤砣可调节满载超载控制范围，其中副秤砣作微量调节用。

轿厢架上装有导靴装置，使轿厢沿着 T 形导轨做上下运行。

（2）对重装置。对重装置（Counter Weight）相对于轿厢悬挂在曳引绳的另一端，起到平衡轿厢重量的作用，但这种平衡是相对的。

所谓相对，是指对重起到的平衡作用只有在某一特定载重时才是完全的。因为轿厢的载重是变化的，只有当载重加上轿厢自重等于对重时，电梯才处于完全平衡状态，此时的载重额称为电梯的平衡点（如果 50%额定载重时完全平衡，则称平衡点为 50%）。载重位于平衡点的电梯，由于曳引绳两端的静荷量相等，使电梯处于最佳工作状态。但在大多数情况下，曳引绳两端的荷重是不相等的，因此对重只能起到相对平衡作用。

对重装置由对重架和对重铁块两部分组成。对重架用槽钢和钢片焊接而成。对重块用铸铁做成，一般有 50kg、75kg、100kg、125kg 等几种。对重块放入对重架后，需用压板压紧，防止电梯在送行过程中发生窜动而产生噪声。对重装置通过对重导靴在对重导轨上滑行，起平衡作用。

对重和轿厢的平衡是变化的，是指对重产生的平衡作用在电梯升降中是不断变化的。当轿厢处于最低层时，曳引绳的重量大部分作用于轿厢侧，这样对重侧重量与轿厢侧的重量的比例是不断变化的。这种平衡的变化在提升高度不大时，对运行正常性不会产生大的影响，但当提升高度超过25m时，就会影响电梯的相对平衡，必须增设平衡补偿装置。

补偿装置有补偿链（Compensating Chain Device）和补偿绳两种。一般电梯速度小于1.75m/s时采用补偿链。补偿链以铁链为主体，悬挂在轿厢（图6-20）与对重下面。为了减小运行中铁链碰撞引起的噪声，应在铁链中穿上麻绳。

加补偿链后，电梯升降时，其长度的变化正好与曳引绳相反。当轿厢位于最低层时，曳引绳大部分位于轿厢侧，而补偿链大部分位于对重侧，这样就起到了平衡的补偿作用，保证了对重起到的相对平衡。

3. 门系统

电梯门按其运行方式，常见的是轨道式滑动门。轨道式滑动门在客梯中常用中分式门及旁开式门。中分式门由中间分开，如图6-22（a）所示，开门时，左、右门扇以相同的速度向两侧滑动，关门时，则以相同的速度向中间合拢。旁开式门由一侧向另一侧推开或由一侧向另一侧合拢，如图6-22（b）所示。当旁开式门为双扇时，两个门扇在开门和关门时各自的行程不同，但运动的时间必须相同，因此两扇门的速度存在快慢之分，速度快的称快门，反之称慢门。双扇旁开式门又称双速门，由于门在打开后是折叠在一起的，因而又称双折式门。中分式门具有出入方便、工作效率高、可靠性好的优点。旁开式门有开门宽度大、对井道宽度要求小的优点。

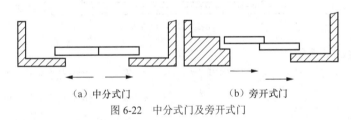

（a）中分式门　　　　　　　　　（b）旁开式门

图6-22　中分式门及旁开式门

电梯的门分为轿厢门和厅门（层门）。

（1）轿厢门（Car Door）封住轿厢的出入口，一般由装在轿厢顶上的自动开门机构带动。装有自动开门机构的电梯门称为自动门（Power Operated Door）。自动开门机一般由直流电动机、减速机构和开门机构组成。中分式门常以直流电动机通过两级三角形带传动双臂式实现开关门。用于速度控制的5个行程开关装于曲柄轮背面的开关架上，在曲柄轮实现开关门转动时依次动作各行程开关，达到调速的目的。轿厢门设有轿门关闭开关。

（2）厅门（Shaft Door）封住井道的出入口，由轿厢门带动，因此又称被动门。厅门和轿厢门必须是同一类型的门。为了将轿厢门的运动传递给厅门，轿厢门上设有卡合装置。最常见的系合装置为门刀通过与门锁的配合，使轿厢门能够带动厅门运动。为了使用安全，电梯必须在厅门和轿厢门完全关闭时，才能运行。因此在厅门内侧装有具有电气联锁功能的自动门锁。自动门锁除了锁住厅门，使厅门只有用钥匙才能在厅外打开外，还能控制电梯控制回路的接通和断开，只有在门被确认锁住时，电梯才能启动运行（检修时除外）。

为了防止电梯在关门时将人夹住，电梯的轿厢门上常设有关门安全装置，在做关门运动的门扇只要受到人或物的阻挡，便能自动退回。电梯门的安全装置有光电式、电子式和机械式之分。机械式是最常用的，如图6-23所示，亦称为安全触板（Safety Edges for Doors）。它主要由触板、上控制杆和微动开关所组成。平时，触板在自重的作用下，凸出门扇 30～35mm。当在关闭中一碰到人或物品，触板即被推入，控制杆转动，上控制杆端部的开关凸轮压下微动开关触点，使门电动机迅速反转，门重新打开。一般当触板推入 8mm 左右时，微动开关即动作。限位螺钉的作用是控制触板的凸出量和活动量。

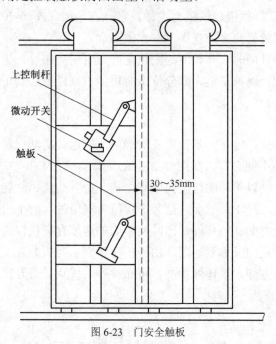

图 6-23　门安全触板

4．机械安全保护系统

电梯运行中无论何种原因使轿厢发生超速，甚至坠落的危险状况而所有其他安全保护装置均未起作用时，则靠限速器、安全钳（轿厢在运行途中）和缓冲器（轿厢到达终端位置）的作用可使轿厢停住而不致使乘客和设备受到伤害，现代电梯均有这些机械安全装置。

（1）限速器装置。限速器装置包括限速器、限速器绳以及限速器张力轮，如图 6-24 所示。限速器通常安装在电梯机房内。限速器张力轮安装在电梯底坑。限速器绳绕经限速器轮和张力轮形成一个封闭的环路，其两端连接绳夹、索具套环，并通过绳头拉手安装在轿厢架上操纵安全钳的杠杆系统。张力轮装置悬挂在底坑轿厢导轨上，摆动臂可以绕销轴摆动。摆动臂的一端装有轮轴，张力轮可在轮轴上转动，砣框也吊挂在此轮轴上，它们的重量使限速器绳张紧。张力轮装置的安装高度应使砣框底部距底坑地面不小于500mm。张力轮的重量在限速器轮槽和限速器绳之间形成一定的摩擦力。轿厢上下运行同步地带动限速器绳运动从而带动限速器轮转动。当限速器绳松弛或断裂时，摆动臂的另一端处的凸轮使限速器断绳开关断开，切断电梯控制回路。

限速器有惯性式和离心式两种，目前大部分电梯均采用离心式限速器。轿厢运行时，通过限速器绳带动限速器轮转动。当轿厢超速达到电梯额定速度的115%时，限速器内超速开关动作，断开急停回路，从而使曳引机停转，制动器动作，如果超速开关动作未能使电梯减速或停下来，并且电梯的超速继续增大到额定速度的120%～140%时，通过限速器内夹绳钳将限速器绳夹住。

（2）安全钳装置。安全钳装置（Safety Gear）是在限速器的操纵下，使轿厢紧急制停夹持在导轨上的一种安全装置。在电梯底坑的下方具有人通行的过道或空间时，则对重也应设有安全钳装置。一般情况下，对重安全钳也应由限速器来操纵。

限速器绳头拉手与主动杠杆的连接如图 6-25 所示。当电梯超速达到使限速器动作时，限速器绳被内部绳夹夹住不动，随着轿厢继续向下运动，主动杠杆被限速器绳带动向上摆动，通过横拉杆使从动杠杆同时向上摆动，带动垂直拉杆提起安全钳楔块，使楔块与导轨接触，以其与导轨间的摩擦消耗电梯动能，将轿厢强行制停在导轨上。

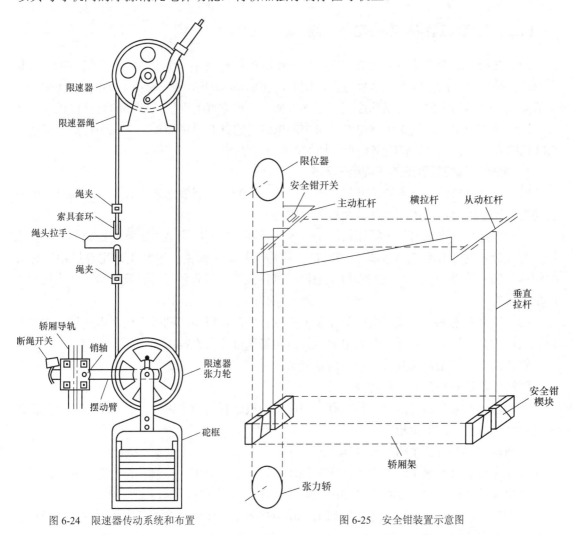

图 6-24　限速器传动系统和布置　　　　　　图 6-25　安全钳装置示意图

主动杠杆上附有碰铁，此碰铁使安全钳急停开关被断开，曳引机停止转动。此急停开关不能自动复位，只有松开安全钳并排除故障之后，靠手动才能使其复位。

（3）缓冲器。缓冲器（Buffer）是提供最后安全保护的一种安全装置。一般轿厢缓冲器有两个，对重缓冲器一个，它们安装在电梯的井道底坑内，位于轿厢和对重的正下方。当电梯在向上或向下运动中，由于钢丝绳断裂，曳引摩擦力制动器制动力不足或者控制系统失灵而超越终端层站底层或顶层时，将由缓冲器起缓冲作用，以避免电梯轿厢或对重直接撞底或冲顶，从而保护乘客和设备的安全。

轿厢缓冲器在保护轿厢撞底的同时，也防止了对重的冲顶；同样，对重缓冲器在保护对重撞底的同时也防止了轿厢的冲顶。为此，轿厢的井道顶部间隙必须大于缓冲器的总压缩行程；同样，对重的井道顶部间隙也必须大于轿厢缓冲器的总压缩行程。

电梯缓冲器按其结构和原理可以分成弹簧缓冲器（Spring Buffer）和油压缓冲器（Oil Buffer）。弹簧缓冲器的结构简单、缓冲性能差，而且缓冲行程也受限制，因此只适用于速度不超过 1m/s 的电梯。对于速度高于 1m/s 的快速或高速电梯，则必须采用缓冲性能较好的液压缓冲器。

（三）交流集选控制电梯电气系统

采用交流双速笼型感应电动机作为曳引电动机的双速电梯，由于其拖动系统和电气控制系统的结构简单、成本低廉、维修方便，因此，在 1m/s 以下的低速梯中，仍被广泛应用着。交流双速低速客梯中常采用集选控制，这种电梯有者较完善的性能及较高的自动化程度。目前，国内的部分电梯还是采用继电器逻辑控制电路，它具有原理简单、直观的特点。现结合 TKJ-□□/1.0-JX5 层站的实例来介绍电梯的电气控制系统。

1. 电梯电气控制系统的主要电气部件

（1）机房。机房内有电源总开天、照明开关、控制屏、召唤选层屏、曳引电动机、电磁制动器，还有限速器内的超速开关及极限开关等。

（2）操纵箱。操纵箱位于轿厢内，是驾驶员或乘客控制电梯上下运行的控制中心。操纵箱上有控制电梯工作状态（自动、驾驶员、检修）的钥匙开关；选择层站用与层站数相等的轿内按钮及指令记忆灯，直驶专用、急停、警铃按钮；超载信号灯以及蜂铃、轿内照明、风扇开关等。

（3）轿厢其他部件。轿厢电气部件除了操纵箱外，在轿厢门楣板上还有电梯运行方向及指示电梯所在层楼的指示灯。有的电梯运行方向箭头灯亦设在操纵箱上。

轿厢门上有安全触板开关、厅门门锁开关。

轿厢底部装有满载开关及超载开关。

轿厢顶上装有自动开门机，其中有自动门电动机、开门两个限位开关、关门 3 个限位开关及电动机调速用的电阻箱。

轿厢顶上梁装有安全钳拉杆动作开关。

轿顶上还装有检修箱，其中包括上下慢车按钮、总停开关、检修转换开关、轿厢门锁开关等。电梯处于检修时，操作人员操纵检修转换开关，可切断轿厢内上下操纵按钮、使用上下慢车按钮，从而进入轿厢顶控制电梯上下使电梯处于检修状态。应急时由检修人员扳动总停开关，使电梯停止运动，起安全作用。

轿厢接近停靠站时，使轿厢地坎与层门地坎达到同一平面的动作称为平层。轿厢顶上装有平层用的上、下平层传感器，上、下平层传感器常采用永磁式干簧继电器。除此之外还有开门区域永磁式干簧继电器，它的作用是一旦平层结束，即可使轿厢门、厅门自动开启。

（4）召唤盒及层门指示。召唤盒设置在层站门侧，是给乘客提供召唤电梯的装置。召唤盒内有召唤按钮及召唤记忆灯。电梯在底层和顶层分别设有一个向上、一个向下的召唤按钮，而在其他层站各设有上、下召唤按钮。底层召唤盒上还装有专用钥匙开关。开启钥匙开关，轿厢门会自动打开，电梯即可使用。

在层站门上方或一侧，设置层门指示灯显示轿厢运行的层站位置，还设置了层门方向指示灯，显示轿厢运行方向。

（5）井道。井道是轿厢和对重装置运行的空间。该空间是以井道底坑的底、井道壁和顶为界限的。

轿厢运行的换速装置是一般低速梯或快速梯在到达预定停站时，提前一定距离（一般 1m/s 时约为 1.5m）将轿厢快速运行切换为平层前的慢速运行。换速传感器亦是采用永磁式干簧继电器。在井道中每一层轿厢导轨上均安有换速传感器。

为了确保驾驶员、乘客、电梯设备的安全，一般低速客梯在电梯的上端站和下端站处各设置两道限位开关。上、下端站的第一道限位开关提前一定距离强迫电梯将快速运行切换为慢速运行，强迫换速点可按略大于换速传感器的换速点进行调整。上、下端站第二限位开关作为当第一限位开关失灵，或由于其他原因造成轿厢超越上、下端站楼面一定距离时，切断电梯运行控制电路，强迫电梯立即停靠。作用点与端站楼面的距离为 50～100mm。

底坑即底层端站楼面以下的井道部分中除装有张力轮上的断绳开关外，还装有底坑安全开关。检修人员扳动底坑安全开关可使电梯停止运动，起安全作用。

2. 电梯的 3 种运行状态

交流、集选控制电梯有 3 种运行状态，即有司机控制、无驾驶员控制（自动）、检修运行状态。图 6-26（a）所示为 3 种运行状态控制电路。不论何种运行状态，必须首先接通电压继电器 KV，而电压继电器接通与否由图中 11 个触点决定，即轿厢操纵箱上急停按钮 ES，轿顶检修箱上的总停开关 AS，安全窗触点 CEO，安全钳开关 SC，限速器开关 GS，基站厅外的钥匙开关 KS1，限速器断绳开关 GTS，底坑安全开关 PS，主电路的相序继电器触点 PSR，曳引电动机快车、慢车热继电器 KR1、KR2。如果有一个开关动作，电梯就立即停止运行。因此，这个回路为安全保护回路。基站厅外召唤盒上的钥匙开关 KS1 接通，使电梯处于投入运行状态，KS1 断开，电梯停止运行。

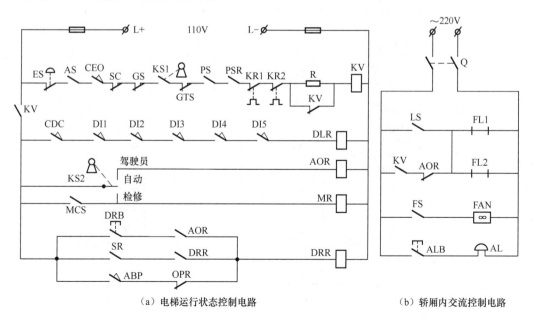

（a）电梯运行状态控制电路　　　　　（b）轿厢内交流控制电路

图 6-26　3 种运行状态控制电路

另外，只有轿厢门联锁开关 CDC、厅门联锁开关 DI1~DI5 全部关闭时才能使门锁继电器 DLR 通电，也才能使电梯运行。

位于轿厢内操纵箱上的钥匙开关 KS2 有自动、驾驶员、检修 3 个位置。原始位置为自动位置，电梯处于自动工作状态，即根据召唤、指示信号以及轿厢相对位置能自动定向、启动顺向应答、停靠、自动开门、关门直至完成最后一个命令为止。

KS2 位于驾驶员（attendant）位置时，接通驾驶员操作继电器 AOR，根据召唤、指令信号也能自动定向，但只有在按下与自动定向的方向相应的按钮，才能关门启动，随后顺向应答停靠，即电梯的启动受驾驶员的控制。

KS2 位于检修位置时，检修继电器 MR 通电，此时开、关门均为手动控制，且运行在低速点动状态。

当在驾驶员工作状态时，电梯启动以后，若按下直驶按钮 DRB，则直驶继电器 DRR 通电，这时电梯只应答轿内指令而不应答召唤。若称量装置满载开关 ABP 闭合时，也能使 DRR 吸合，其中 SR 为启动继电器、OPR 为运行辅助继电器。

在图 6-26（b）中，Q 为单独的照明电源开关。无驾驶员状态时，轿内荧光灯 FL1、FL2 通过 KV、AOR 自行接通。而有驾驶员状态时，需要接通照明开关 LS。FAN 为轿内风扇，FS 为风扇开关，AL 为装在井道中的警铃，ALB 为警铃按钮。

3. 内指令和厅召唤电路

（1）内指令电路。轿厢内操纵箱上对应每一层楼都设有一个带灯的按钮，称内指令按钮，如图 6-27 中的 CB1～CB5。乘客按下其欲前往层站相应的按钮，如欲去第 3 层楼，按下 CB3 按钮，只要电梯不在 3 楼，指令继电器 IR3 便通电，指令记忆灯 IM3 便亮。当电梯到达 3 楼停止时，层楼继电器 LR3 动作，启动继电器 SR 释放，因此 IR3 断电，指令记忆灯 IM3 熄灭。图中 DAR 为方向辅助继电器。

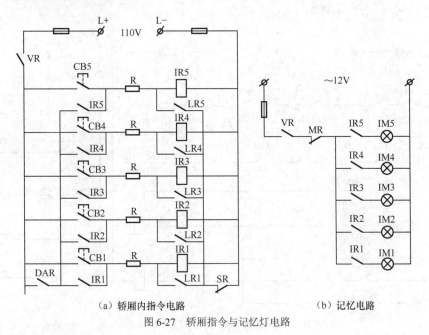

（a）轿厢内指令电路　　　　　　　　　（b）记忆电路

图 6-27　轿厢指令与记忆灯电路

（2）厅召唤电路。电梯的厅召唤电路如图 6-28 所示。电梯的厅召唤信号是通过厅门口召唤盒中的召唤按钮（Hall Button）来实现的，图中 HB5D～HB2D 为各层厅门下呼按钮、HB4U～HB1U 为各层厅门上呼按钮，每一个按钮连接一个召唤继电器，其中 H5D～H2D 为下召唤继电器，H4U～H1U 为上召唤继电器。

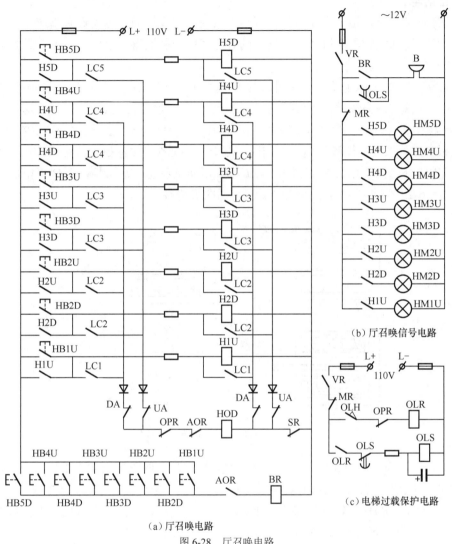

图 6-28　厅召唤电路

集选控制的电梯，其运行方式是先上行响应厅上呼信号，再下行响应厅下呼信号，如此反复。在上行时应保留厅下呼信号，下行时应保留厅上呼信号。例如电梯在 1 楼时，2 楼有厅上呼与下呼信号召唤，即已按下 HB2U 与 HB2D 按钮，则召唤继电器 H2U、H2D 通电并自保，且召唤记忆灯 HM2U、HM2D 亮。此时若在 3 楼又发出上呼信号，即 H3U 通电自保，HM3U 亮。电梯到达 2 楼时，2 楼层楼控制继电器 LC2 被吸合，由于向上辅助继电器 UA 是吸合的，而此时向下辅助继电器 DA 是失电的，所以一旦 SR 常闭触点复位，H2U 即被短路释放，2 楼上呼信号被消除，HM2U 随之而灭，此时 2 楼下呼信号得到保留。

当轿厢停在 3 楼，按下 HB3U，使厅外开门继电器 HOD 吸合，可使电梯厅门、轿厢门开启。当有驾驶员工作状态下，驾驶员操作继电器 AOR 吸合，按下 HB3U 时，蜂铃继电器

BR 通电，蜂铃 B 工作，促使驾驶员注意到有召唤登记。

电梯过载时，称重装置的过载开关 OLH 闭合，使过载继电器 OLR 吸合，接通过载信号继电器 OLS，可使蜂铃 B 断续发出声音。图 6-28 中 OPR 为运行继电器。

4. 指层电路

电梯都有指层器，指示轿厢运行位置，一般轿厢内及厅门上方均设有指层器。通常层楼信号通过装在轿厢上的隔磁板经过井道上的各层楼感应器取得。永磁继电器的结构和工作原理可用图 6-29 来表示。

图 6-29（a）中表示干簧管正常时，其内部触点的闭合状态。图 6-29（b）中放入永久磁铁后，永久磁铁的磁力线通过干簧管内常开触点，因而使常开触点吸引闭合，这一情况类似于电磁继电器得电动作，故称为感应器。图 6-29（c）中，外界把一块具有高磁导率的铁板（即隔磁板）插入永久磁铁和干簧管之间时，由于永久磁铁产生的磁力线被隔磁板旁路，干簧管的触点失去外力的作用，恢复到图 6-29（a）所示的状态，这一情况类似于电磁继电器失电复位。图 6-29（d）所示为永磁继电器触点的图形符号。

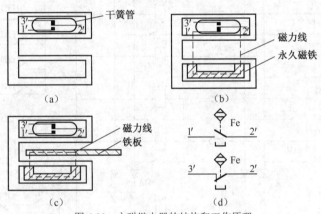

图 6-29　永磁继电器的结构和工作原理

图 6-30 所示为指层电路图。设轿厢在 1 楼，轿厢顶上的隔磁板插入 1 楼感应器，使永磁继电器 LPU1 接通，层楼继电器 LR1 通电，因此层楼控制继电器 LC1 接通并自保。厅外指层灯（Hall Indicator）HI1、轿内指层灯 CI1 亮。电梯上升时，上升辅助继电器 UA 接通，厅外向上方向箭头灯（Hall Lantern）HLU 及轿厢内向上方向箭头灯 CLU 亮。此时轿厢顶上隔磁板虽然离开 1 楼感应器，LPU1 断开，但 LC1 仍接通，故 HI1、CI1 仍然亮着。电梯到达 2 楼时，轿厢顶上隔磁板插入 2 楼感应器内，LPU2 接通，LR2 通电，LC1 断电，LC2 通电，使 HI1、CI1 灭，HI2、CI2 亮，此时 HLU、CLU 灭。

当电梯离开 2 楼时，LPU2 断开，LR2 断电，但 LC2 线圈通过 LC2 常开触点及 LR3 常闭触点得电。

依此类推，电梯便可以得到联锁的层楼信号指示。

图 6-30 中 OLL 为过载指示灯，过载信号继电器 OLS 在过载时是通断交替工作的，因而 OLL 是闪烁发光的。

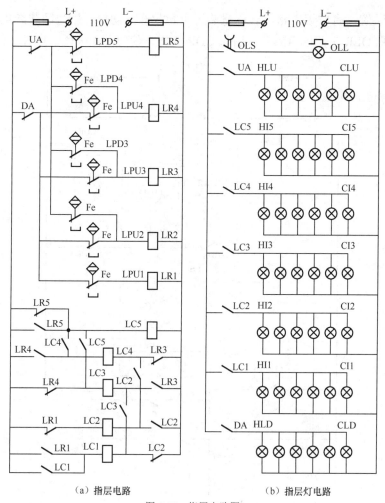

（a）指层电路　　　　　　　　（b）指层灯电路

图 6-30　指层电路图

5. 门的电气控制系统

门的电气控制系统由拖动部分和开关门逻辑控制部分组成。

门的拖动部分的电气控制系统如图 6-31 所示，由直流他励电动机及减速电阻构成，控制电动机的正反转及调节开关门速度。门电动机功率一般为 120W，ODR 为开门继电器，CDR 为关门继电器，ODI 为开门第一限位开关，CD1、CD2 分别为关门第一、第二限位开关。

开关门逻辑控制电路其控制功能如下所述。

（1）自动关门。当电梯停靠开门后，停层时间继电器 SLT 延时 4～6s 后复位，这样启动关门继电器 SCD 通过驾驶员操作继电器 AOR 常闭触点、停层时间继电器 SLT 常闭触点、过载继电器 OLR 常闭触点、主电动机慢速第一延时继电器 AT2 常闭触点、开门继电器 ODR 常闭触点而得电，这样使关门继电器 CDR 线圈通电，自动门电动机 DM 向关门方向运转，初始电枢在串接电阻 R_{DM} 和并联的 R_{CD} 下运转，当门关到行程的 1/2 后，限位开关 CD1 接通，短路 R_{CD} 大部分电阻，于是 DM 减速，门继续关闭，而当门关至行程的 3/4 时，CD2 接通，又短路了 R_{CD} 部分电阻，DM 继续减速，直至关合时，限位开关 CD3 断开，CDR 释放，DM 进行能耗制动，立即停止运转。

从图 6-31 可见，按下操纵箱上关门按钮 CDB，可使电梯立即关门（即提早关门）。

门与超载装置具有联锁电路，若称量装置上超载开关动作，引起超载继电器 OLR（图 6-28）通电，则 OLR 常闭触点断开，引起 CDR 失电，使门不能关闭，电梯无法启动运行。

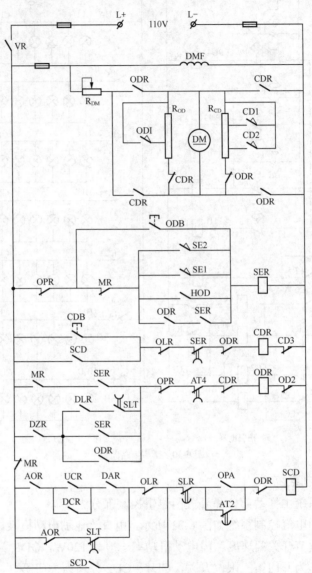

图 6-31　门的拖动部分的电气控制系统

（2）自动开门。当电梯慢速平层时，层楼井道内隔磁板插入装于轿厢顶上的开门区域永磁继电器的空隙内，接通开门区域继电器 DZR。平层结束，运行继电器 OPR 复位，于是开门继电器 ODR 通过闭合的门锁继电器 DLR、停层时间继电器 SLT 触点而通电自保，使 DM 往开门方向旋转。当门开至行程的 2/3 时，限位开关 OD1 接通，短路了 R_{OD} 大部分电阻，使 DM 减速，门继续开启，最后当门开足时，限位开关 OD2 断开，ODR 失电，DM 进行能耗制动，立即停止运转。

（3）门安全电路。当门在关闭过程中，如乘客或物体碰挤安全触板时，安全触板微动开关触点 SE1 或 SE2 接通，则安全触板继电器 SER 通电，立即断开关门继电器 CDR 支路，而接通开门继电器 ODR 支路，此时门又重新开启。

项目六　电气综合控制系统

（4）本层厅外开门。按下本层召唤按钮，可使厅外开门继电器 HOD 通电，使 SER、ODR 相继得电，可使本层厅外开门。

（5）检修时的开关门。当电梯在检修时，自动开关门环节失效。检修时的开、关门只能由检修人员操作开、关门按钮 ODB、CDB 来进行，当按钮松开时，门的运动立即停止。

6. 电梯的启动、加速和满速运行

图 6-32 所示为交流双速电梯拖动主电路。

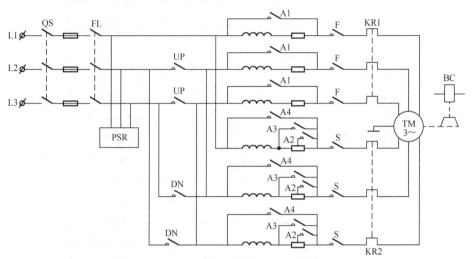

图 6-32　交流双速电梯拖动主电路

图 6-32 中 FL（Final Limit）为极限开关，PSR 为断相与相序保护继电器。在无断相及相序正确的情况下，相序继电器的常开触点是闭合的，从图 6-26 可见，它串接在电压继电器 KV 支路中。当任一相缺相或与原认定相序错相接线时，使急停回路失电，起到断相、错相保护作用。UP、DN 为上行、下行接触器。F、S 为快车、慢车接触器。A1 及 A2、A3、A4 对应为快车加速、慢车第一、第二、第三减速接触器。TM（Traction Motor）为曳引电动机，其轴上装有电磁制动器，制动器线圈为 BC。

（1）无驾驶员工作状态下的启动。设轿厢位于底层且门已闭合。从图 6-30 可知，层楼继电器 LR1 及层楼控制继电器 LC1 得电，停层时间继电器 SLT 复位，启动关门继电器 SCD 吸合并自保（图 6-31），快车加速时间继电器 AT1 吸合。设 3 楼出现召唤信号，H3U（图 6-28）吸合，则向上方向继电器 UDR、向上辅助继电器 UA 吸合。从图 6-33 可见，启动继电器 SR、快车接触器 F、快车辅助继电器 FAR、上升接触器 UP 等相继通电吸合，因而制动器 BC 线圈得电，电动机抱闸松开，电动机串接电抗、电阻降压启动。

（2）加速和满速运行。电梯启动的同时，运行继电器及运行辅助继电器 OPR、OPA 吸合，使快车加速时间继电器 AT1 断开。AT1 利用并联在其线圈两端的电阻、电容来达到断电延时作用，其延时值为 2.5～3.0s。延时完毕后，由 AT1 常闭触点接通快车加速接触器 A1，短路了快车启动电抗和电阻，使 TM 在满压下快车运转，于是轿厢满速快速上升。

（3）有驾驶员工作状态下的启动。仍设轿厢在底层，3 楼有向上召唤信号，这时轿厢操纵箱上向上按钮 UB 内的向上指示灯 UL 点亮。于是驾驶员按下 UB（见图 6-36），向上换向继电器 UCR 吸合，然后从图 6-31 可见，启动关门继电器 SCD 吸合并自保，关门继电器 CDR 吸合，关门结束，门锁继电器 DLR 吸合，随后，启动继电器 SR 吸合，其后过程与无驾驶员状态相同。

179

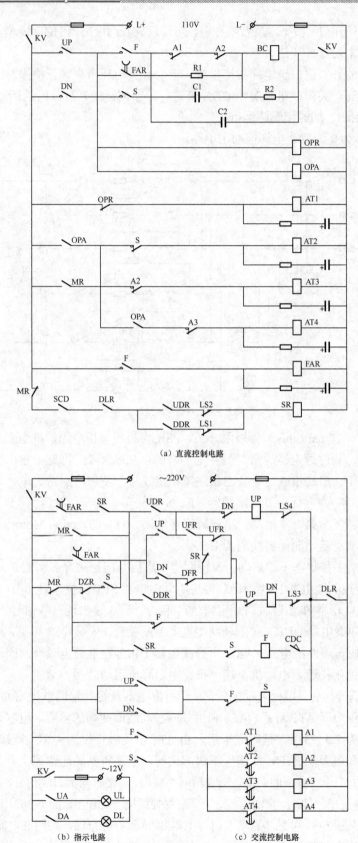

（a）直流控制电路

（b）指示电路　　　　　　　　　　　　　　（c）交流控制电路

图 6-33　主拖动控制电路

图 6-33 中 LS2、LS4 为上行第一、第二限位开关，LS1、LS3 为下行第一、第二限位开关。

7. 电梯的停层、减速和平层

（1）减速。当轿厢到达 3 楼的停车距离时，轿厢顶上隔磁板插入 3 楼永磁继电器 LPU3 的空隙内，从图 6-30 可知，LR3、LC3 得电，使停站继电器 SLR 吸合并自保，如图 6-34 所示。使启动关门继电器 SCD（图 6-31）、启动继电器 SR（图 6-33）相继失电。从图 6-33（c）中可见，快车接触器 F 失电，慢车接触器 S 吸合。这时上升接触器 UP 在 SR 失电的瞬间，由快车辅助继电器 FAR 断电延时常开触点来维持，接着由 S 触点保持。而电磁制动器线圈 BC 在 F、S 换接过程中由 FAR 触点保持不失电。

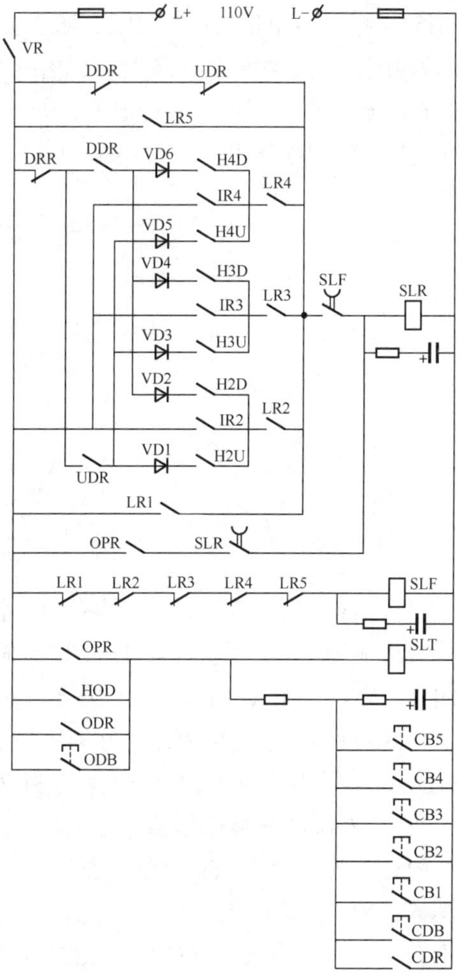

当接触器 F 断开、S 接通时，TM 的慢速绕组通过电抗、电阻与电源相通，而当时 TM 的转速因系统的惯性缘故，还保持快速，于是 TM 产生超同步再生发电制动。为了限制其制动电流及减速速度，防止冲击过大，通常按二级或三级逐步切除串联的电阻、电抗。从图 6-33 中可知，AT2 延时约 1s 后接通 A2 短路部分电阻，AT3 延时约 0.5s 接通 A3 短路全部电阻，AT4 延时约 0.4s 接通 A4 短路全部阻抗，最后 TM 与电源相通，进入慢速稳态运行。

图 6-34　停站、停层控制电路

（2）平层。为了保证电梯的平层准确度，通常在轿厢顶设置平层器，平层器由 3 个永磁继电器构成，自上而下分别为上平层永磁继电器 UFP、门区永磁继电器 DZP、下平层永磁继电器 DFP。

电梯在慢速稳定运行时，轿厢继续上升，于是装在轿厢顶上的上平层永磁继电器首先进入装于 3 楼井道内的平层隔磁板，使 UFP 常闭触点复位，上平层继电器 UFR 得电，如图 6-35 所示。UP 接触器也可由 UFR 常开触点通过 F 常闭触点而保持通电 [图 6-33（c）]。轿厢继续上升，使开门区域永磁继电器 DZP 进入平层隔磁板，则门区继电器 DZR 得电，这时 UP 自保电路断开并为自动开门做好准备。最后轿厢到达停站水平，向下平层永磁继电器 DFP 进入平层隔磁板，向下平层继电器 DFR 得电，于是上升接触器 UP 失电，TM 断开电源，电磁制动器线圈 BC 亦失电，制动器抱闸，平层完毕、轿厢停止。如果电梯因不应有的原因，上行超越平层位置，上平层永磁继电器 UFP 离开井道中的隔磁板，则 UFR 失电，UP 亦随之失电，此时经 F、UFR、SR 常闭触点，DFR 常开触点、UP 常闭触点，使 DN 线圈得电，电梯反向平层，直至 UFR 吸合为止。

（3）电梯停站信号的发生及信号的登记和消除。当运行中的电梯实现停站时，停站继电器 SLR 必须吸合，SLR 的通电吸合可以通过下列几个回路。

① 指令信号停站。从图 6-27 可见，无论电梯上行或下行时，按下轿厢指令按钮（CB1～

CB5），指令继电器（IR1～IR5）吸上并自保，指令信号被登记，存储了停层信号。设指令登记为 IR3，当轿厢到达 3 楼时，层楼继电器 LR3 吸合。从图 6-34 可见，停站触发时间继电器 SLF 常开触点是断电延时释放的，所以使停站继电器 SLR 吸合，启动关门继电器 SCD、启动继电器 SR 相继失电。从图 6-27 可见，指令信号 IR3 被 SR 常闭触点短路，即指令信号消除。

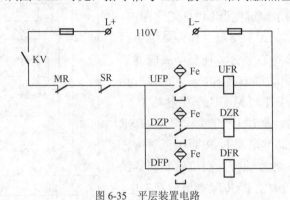

图 6-35　平层装置电路

② 召唤信号停站。设 3 楼有向上召唤信号，从图 6-28 可知 H3U 吸合，电梯上行时，图 6-36 中向上方向的继电器 UDR 吸合，轿厢到达 3 楼时，LR3 吸合，图 6-34 中 SLR 通过 DRR、UDR、D3、H3U、LR3、SLF 吸合。然后 SCD、SR 相继失电，H3U 信号被消除。

③ 直驶状态下的停站。在有驾驶员运行状态下，于电梯启动后按下直驶按钮 DRB（图 6-26），直驶继电器 DRR 吸合，使 SLR 的召唤停站回路断开，电梯只能按轿内指令停层。

④ 停层时间继电器信号停站后，OPR 复位，自动开门，SLT 又通电，开门完毕后，SLT 断电延时开始，4～6s 后自动关门。需提早关门时，按下图 6-31 关门按钮 CDB，同时接通图 6-34 中与 SLT 阻容并联的 CDB 并自保，所以 SCD 瞬时复位，使 CDR 自保。此时乘客按下轿内任何指令按钮（CB1～CB5）电梯也能立即关门。在 SLT 支路中还串入 ODB 按钮，SLT 通电，SCD 支路断开，这样可将门在较长时间内保持敞开不闭。

8. 电梯行驶方向的保持和改变

（1）电梯的行驶方向。电梯的行驶方向由上、下方向继电器 UDR、DDR 的吸合来决定。但是 UDR、DDR 的吸合又决定于登记信号与轿厢的相对位置。在图 6-36 中，如果 3 楼有召唤信号 H3U，而此时轿厢在 2 楼，LC2 常闭触点断开，则 UDR 通过 H3U、LC3、LC4、LC5 吸合，因而电梯上行。假若此时轿厢在 4 楼，LC4 常闭触点断开，则 DDR 通过 H3U、LC3、LC2、LC1 吸合，因而电梯下行。

（2）运行方向的保持。当电梯上行时 UDR 吸合，指令信号、向上召唤信号和最高向下召唤信号首先逐一地实现。当电梯执行这个方向的最后一个命令而停靠时，UDR 失电，然后逐一应答被登记的向下召唤信号。

（3）轿厢内指令优先。当电梯在执行最后一个命令而停靠时，在门关闭之前，轿内如有指令则优先被登记，决定运行方向，这是因为 UDR、DDR 失电，SLT 延时未终了，UDR、DDR 的召唤信号回路部分被断开。如门关闭仍无指令信号则召唤才被接收，并决定运行方向。

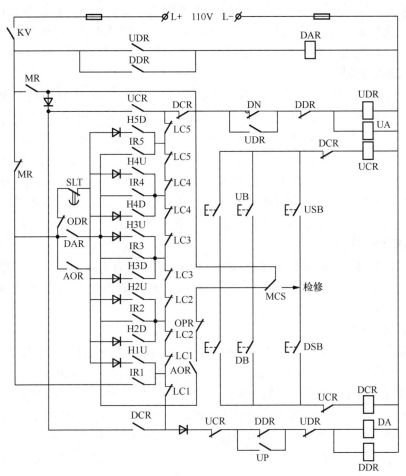

图 6-36 电梯的行驶方向控制电路

（4）用向上、向下按钮 UB、DB 决定电梯运行的方向。在有驾驶员工作状态下，驾驶员可借 UB、DB 决定电梯运行的方向。如轿厢位于 3 楼方向向上，UDR、UA 吸合，如驾驶员发现有必要向下运行，则可按下 DB，于是向下换向继电器 DCR 吸合，断开 UDR、UA 支路，接通了 DDR、DA 支路，并在向下方向信号 DDR、DA 登记下电梯向下运行。

（5）轿厢顶检修按钮决定电梯运行方向。轿厢顶上有检修转换开关 MCS，处于检修时，检修继电器 MR 亦吸合，此时切断轿厢内上、下操作按钮 UB、DB。操纵轿厢顶检修箱上的上、下慢车按钮 USB、DSB，从而进入轿厢顶控制电梯上、下的检修状态。

（四）电梯电力拖动的调整

1. 启动加速的调整

电梯轿厢加速上升或减速下降时，人体内脏的质量就会向下压在骨盆上，全身有超重感。当轿厢加速下降或减速上升时，使内脏提升的结果就会压迫胸肺、心脏等，因而造成心、肺、胃等的不适，甚至头晕目眩。因此电梯在启动和制动过程中，速度变化的选择要适当，以使电梯运行平稳，乘坐舒适。电梯调试时，要使启动加速平稳，如启动滞迟可以适当减小快速绕组启动电阻，必要时也可减少启动电抗器的匝数。如果启动过猛，可适当增加启动电阻和

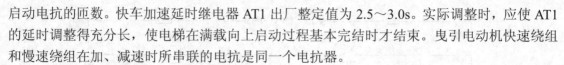

启动电抗的匝数。快车加速延时继电器 AT1 出厂整定值为 2.5～3.0s。实际调整时，应使 AT1 的延时调整得充分长，使电梯在满载向上启动过程基本完结时才结束。曳引电动机快速绕组和慢速绕组在加、减速时所串联的电抗是同一个电抗器。

2. 停层距离的调整

在每个停层站的井道内装有向上和向下层楼继电器各 1 个（LPU1～LPU4，LPD2～LPD5，或只装 1 个）。在轿厢架上装有向上向下停层隔磁板各 1 块（或 1 块），其长度可在 1.0～1.5m 有效长度（或 2.0～3.0m）内调整。当电梯在运行中每当停层隔磁板插入该层相应的永磁继电器的空隙内时，就可使图 6-34 中停站触发时间继电器 SLF 断电延时开始，SLR 得电，SCD、SR 相继失电。从图 6-33（c）可见，此时电梯减速平层，当轿厢停靠在该层与楼板齐平时，该层楼永磁继电器应位于停层隔磁板有效长度的端部（或中部）。因此电梯的停层距离为停层铁板的有效长度，为停层隔磁板长度的 1/2，即 1.0～1.5m。

3. 停层减速的调整

停层减速调整可按实际运行情况在 AT2、AT3、AT4 各为 1.0s、0.5s、0.4s 整定值基础上再进一步调节，使电梯在空载、满载、上下运行减速时有最佳的舒适感。允许电梯在空载下降或满载上升的情况下稍有冲击。

4. 自动平层的调整

在轿厢架上部装有平层装置，其 3 个永磁继电器装在一个垂直的板架上。UFP 在上部，DZP 在正中，DFP 在下部。UFP 与 DFP 之间距是可调的，初调可取 500mm。在每个层站的井道内分别装有一个平层隔磁板，其长度为 600mm。当轿厢停靠在某层站时，平层隔磁板应插入全部 3 个永磁继电器的空隙中。电梯调试时，无论空载上升或满载下降，轿厢在减速平层时都不应有超越楼层的现象。交流双速梯速度为 1m/s 时，平层准确度允差值为±30mm。如果校正向上平层的准确度时，可调节 DFP 上下的位置，而如果要校正向下平层的准确度，则可调节 UFP 上下的位置。

5. 终端保护的调整

电梯在上、下端站除了正常的触发停层装置以外，为了防止因电气失灵电梯发生冲顶或沉底事故，通常还设置了上、下行强迫减速开关（LS2、LS1），上、下行限位开关（LS4、LS3）和极限开关 FL，如图 6-37 所示。这种装置包括固定在轿厢架上的限位撞弓架以及固定在导轨上的行程开关架两部分。当电梯下行时如正常停层回路不起作用，则轿厢下降及时将强迫减速开关 LS1 动作。从图 6-33 可见，SR、F 相继失电进行减速平层。提前强迫减速点可按略大于层楼永磁继电器的减速点进行调整。如果强迫减速开关失灵，或由于其他原因轿厢继续下降至低于底站水平时，则下行限位开关 LS3 动作，DN 失电，电动机断电同时制动器失电抱闸，强迫电梯立即停靠。LS3 应调整在轿厢低于底站 50～100mm 内动作。极限开关是一种用于交流电梯，作为当限位开关失灵或其他原因造成轿厢超越端站楼面 300mm 距离时，切断电梯主电路的安全装置。极限开关是经改制的铁壳开关。限位撞弓架碰撞 LS1、LS3 后，由于某种原因造成轿厢超越端站楼面，达到极限开关作用点时，限位撞弓架将碰撞下极限杠杆，通过钢丝绳强行断开极限开关，切断电梯的总电源（除照明外），强迫电梯立即停靠。图 6-37 所示为低速电梯的终端保护，对于快速电梯和高速电梯还应增加强迫减速开关的数量。

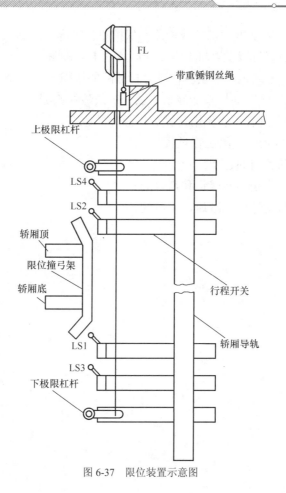

图 6-37　限位装置示意图

 项目小结

　　本项目详细讲述了 M7130 型平面磨床、电镀生产线、C650 型车床的基本结构、运行形式、电力拖动特点，重点分析了它们的电气控制电路的工作原理及常见电气故障的排除。项目还讲述了电动葫芦的结构、常见形式，分析了电气工作原理。最后重点讲述了电梯的基本知识、介绍了电梯的机械系统、电气系统的基本组成，最后讲述了交流集选控制电梯开关门电路、厅召唤电路指层电路、加减速电路等工作电路的组成及工作原理。

 习题及思考

　　1．试述 M7130 型平面磨床的结构和运行形式。

　　2．分析 M7130 型平面磨床充磁的过程。

　　3．M7130 型平面磨床电磁吸盘没有吸力是什么原因？

　　4．分析图 6-9 电镀生产线线路工作原理。

　　5．分析图 6-17 电动葫芦的电气控制电路工作原理。

　　6．分析 C650 型车床 M1 电动机反转启动工作过程。

7．分析 C650 型车床主电动机负载检测及保护工作过程。

8．设计的一个能够带能耗制动的 Y-△降压启动主电路图。

9．C650 型车床主电动机不能反转，试分析故障的原因。

10．C650 型车床快移电动机不能启动，试分析故障的原因。

11．C650 型车床电流表不起作用，试分析故障的原因。

12．分析图 6-27 内指令电路工作过程。

13．分析电梯自动关门的过程。

14．指令和召唤吸合是如何登记和消除的？

15．电梯是如何自动停层、减速、平层的？

参考文献

[1] 华满香，李庆梅. 电气控制技术及应用[M]. 北京：人民邮电出版社，2012.

[2] 华满香，刘小春. 电气控制与 PLC 应用[M]. 北京：人民邮电出版社，2018.

[3] 刘小春. 电气控制与 PLC 技术应用[M]. 北京：电子工业出版社，2013.

[4] 赵明，许缪. 工厂电气控制设备[M]. 北京：机械工业出版社，2015.

[5] 熊琦，周少华. 电气控制与 PLC 原理及应用[M]. 北京：中国电力出版社，2008.

[6] 李益民，刘小春. 电机与电气控制技术[M]. 北京：高等教育出版社，2006.

[7] 赵承荻，姚和芳. 电机与电气控制技术[M]. 北京：高等教育出版社，2005.

[8] 华满香. 电气控制及 PLC 应用[M]. 北京：北京大学出版社，2009.

[9] 熊辜明. 机床电路原理与维修[M]. 北京：人民邮电出版社，2001.

[10] 杨利军，熊异. 电工技能训练[M]. 北京：机械工业出版社，2010.

[11] 胡晓朋. 电气控制及 PLC[M]. 北京：机械工业出版社，2007.

[12] 张桂朋. 电气控制及 PLC[M]. 北京：机械工业出版社，2007.